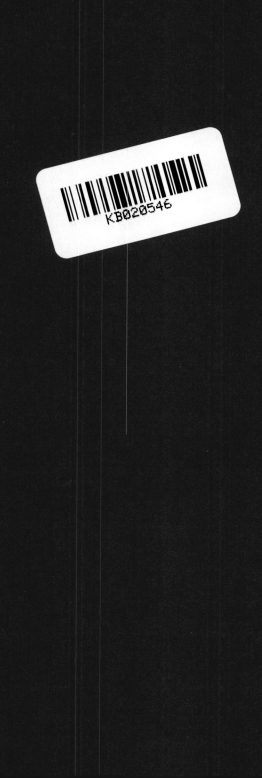

배는
끊임없이
바로 **서려** 한다

김효철 金曉哲

1940년 서울에서 출생하였으며 1964년 서울대학교 공과대학 조선항공학과를 졸업하고 동 대학원에서 석사학위와 박사학위를 받았다. 1970년부터 2006년까지 서울대학교 조선해양공학과 교수로 재직하면서 수많은 제자를 배출한 우리나라 조선 역사의 산증인이자 우리나라가 조선 선진국이 되도록 이끈 숨은 공로자이다.

특히 서울대학교에 현대적인 선형시험수조를 건설하여 새로이 설계하는 선박이 실제 해상에서 어떤 성능을 가지는지 모형실험으로 평가하는 기술을 국제사회에서 인정받도록 하였다. 경정경기용 고속 모터보트를 국산화하였으며, 배의 횡 동요를 줄여주는 '횡동요 감쇠장치', 모형선의 성능 실험장비, 각종 힘 계측 센서 등을 개발하여 계측 기술의 자립을 이끈 바 있다. 80세에 이르러서도 후학들과 활발한 연구 활동을 하는 한편, 모형 계측 분야의 기술지원으로 중소기업이 해외 시장을 열 수 있도록 돕고 있다.

조선공학자 김효철 문집

배는 끊임없이 바로 서려 한다

초판 1쇄 발행일 2019년 11월 14일

지은이 김효철
펴낸이 이원중

펴낸곳 지성사 출판등록일 1993년 12월 9일 등록번호 제10-916호
주소 (03458) 서울시 은평구 진흥로 68 정안빌딩 2층(북측)
전화 (02) 335-5494 팩스 (02) 335-5496
홈페이지 www.jisungsa.co.kr 이메일 jisungsa@hanmail.net

ISBN 978-89-7889-427-2 (03530)

이 도서의 국립중앙도서관 출판예정도서목록(CIP)은 서지정보유통지원시스템 홈페이지(http://seoji.nl.go.kr)와 국가자료종합목록 구축시스템(http://kolis-net.nl.go.kr)에서 이용하실 수 있습니다.(CIP제어번호 : CIP2019044580)

조선공학자 김효철 문집

배는
끊임없이
바로 서려 한다

김효철 지음

지성사

2006년 2월 말, 정년 퇴임을 하고 시간이 좀 지났을 때 집으로 송달되는 〈명예교수회보〉를 살피다 학교 재임 시기에 불편 사항이라 생각하였던 일들이 떠올랐다. 이를 개선하는 문제를 함께 고민해보는 것이 좋으리라 여겨 개선 방안을 기사화하여 투고하였다. 〈명예교수회보〉 제5호에는 학내 우편번호를 제정하자는 의견을 내었고 제6호에는 혼란스러운 학내 건축물 표기 방법을 새롭게 정비하여 불편을 줄이자고 하였으나 별 주목을 받지 못하였다. 되돌아온 반향은 뜻하지 않게 회보 편집진으로부터 원고 청탁을 받게 된 일이었다. 이때부터 공과대학에 재직하며 겪은 경험을 짧은 글로 정리하여 〈명예교수회보〉에 투고하였다.

공과대학은 2016년 봄에 〈서울공대〉 100호를 발간하였는데 편집자는 〈서울공대〉 창간호 발간 당시 편집책임자였던 나에게 회고 기사를 요청하여왔다. 그와 함께 칼럼 기사로 공학도들에게 도움이 될 만한 기사도 투고해달라고 하였다. 특별한 재간도 없고 학문적으로도 한 우물만을 판 것이 아니라 전공을 고체역학에서 용접역학으로 그리고 다시 실험유체역학으로 바꾸었기에 대표적으로 보일만한 뚜렷한 업적도 마땅치 않았다. 고민 끝에 미시시피강에서 많은 사고를 일으킨 선장을, 같은 곳에서는 같은 사고를 다시 일으키지 않으리라 믿어 채용하였다는 기사가 생각이 나서 내가 잘못한 이야기들을 소개하기로 마음먹었다. 독자들이 나와 같은 실수를 범하지 않도록 하는 데 조금은 도움이 되리라는 소박한 생각에서 학교에 재직하던 기간 중 아쉬웠던 이야기를 중심으로 글을 쓰기 시작하였다. 〈서울공대〉에 10여 차례 글을 실었는데 뜻하지 않게 대한조선학회에서도 학회 초창기부터 숨겨진 이야기를 고정적으로 투고해달라는 요청이 들어왔다. 단지 예전의 경험을 사실적으로 기술하는 공학도의 거친 글이지만 생각지도 못한 상태에서 거의 달마다 1편의 단문을 써야 하는 굴레에 빠져버린 것이다. 이 때문에 아침저녁 명예교수 연구실로 출퇴근하며 전철 안에서 지나온 날을 되돌아보곤 하였다.

어느 날인가 나의 정제되지 않고 투박한 글을 접하였던 도서출판 지성사의 이원중 사장께서 투고된 글을 모아 문집을 출간하자고 제안하셨다. 몹시 망설여지는 일이었으나 나의 글에서 항상 긍정적으로 생각하며 물러서지 않고 풀어가려는 노력하는 자세를 독자들이 느낄 것이라는 말씀에 용기를 내었다. 그동안 투고하였던 기사를 모아 문집 원고를 구성하고 미완이었던 원고를 다듬어 정리하였다. 많은 일들이 호리병 속과 같은 나만의 공간에 뒤섞여 있음을 알 수 있었다. 그 과정에서 1959년 조선공학에 입문하여 60년을 지나는 동안을 회고하는 글을 써서 문집 말미에 붙였다.

미리 계획한 일은 아니었으나 80회 생일을 앞두고 회고 기사를 작성할 수 있는 기회가 주어진 것은 큰 행운이라 생각한다. 그리고 지금까지 할 수 있었으나 외면하여왔던 수많은 일들이 떠오른 것은 아마도 앞으로 건강을 지키며 할 수 있을 때까지 노력하라는 것으로 해석하고 싶다. 그리고 틈틈이 회상을 중심으로 기억의 조각들을 좀 더 모아 『배는 끊임없이 항해하려 한다』라는 두 번째 문집을 낼 수 있기를 소망한다.

김 효 철

목차

3부
회고
懷古

1부

인연
因緣

1960년대

1970년대

1980년대

1990년대

2000년대

2010년대

학생과 삼공펀치의 인연

공릉동 캠퍼스에서 가을학기 중간시험을 치르고 채점이 끝난 학생들의 답안지를 철하여 정리하고 있을 때였다. 송곳으로 힘들여 구멍을 뚫고 있는데 한 학생이 방으로 찾아왔다. 학생의 손에는 미군부대 사무용품을 취급하는 남대문시장의 가게에서 구입하였다는 삼공 펀치(three hole punch)가 들려 있었다. 시험지 20장쯤은 구멍 세 개를 단번에 뚫을 수 있는 강력한 펀치였다. 덕분에 송곳으로 뚫던 시험지를 순식간에 정리할 수 있었다. 어떻게 이 학생은 내가 펀치가 있으면 좋을 것이라는 생각을 하였는지 궁금하여졌다.

학생은 지난 학기 시험 성적을 알아보려고 학기말 시험 후 3일째 되던 날 내 방을 찾았을 때 송곳으로 시험지를 뚫고 정리하는 모습을 보았다고 하였다. 그리고 중간시험이 끝나 이제 3일이 되었으니 오늘쯤이 선생님에게 펀치가 필요한 시점이리라 짐작하였다고 하였다. 비록 재수를 하였다고는 하나 대수롭지 않은 일상을 예리하게 관찰하는 능력이 있을 뿐 아니라 유추하여 후일을 예단할 수 있는 능력이 있는 학생임을 깨달았다. 다른 한편으로 이 학생의 탁월한 관찰력과 분석력 앞에 시험 받고 있다고 스스로 생각하며 자괴감을 느끼기도 하였다.

당시 서울대학교 공과대학의 조선항공학과는 인기 절정에 있어서 가정교사 자리도 쉽게 구할 수 있었고 본인이 원하면 하루 두 곳 이상에서 학생을 가르치는 것도 가능하였다. 방으로 찾아온 학생도 가정교사를 하여왔는데 자신은 인기도 있고 중간에 소개하는 친지의 요청을 거부할 수도 없어서 부득이 두 곳에서 가르쳐야 한다고 하였다. 학업에 우선해야 하는 학생으로서의 본분을 잊지 말라 하였지만, 혼란기여서 강의가 없는 경우도 허다하였고 본인의 성적도 상위권에 속하고 있음을 알기에 극구 만류하지는 않았다.

그런데 얼마 지나지 않아 학생이 다시 방으로 찾아왔다. 이번에 찾아온 까닭은 학생 신분이지만 자가용을 구입하는 것에 대한 상담이었다. 당시에는 학교에 자가용을 가지고 있는 교수가 10명을 넘지 않는 시점이었으므로 학생에게 자제할 필요가 있다고 말해 주었다. 학생은 자가용이 아니라 용달용 차량을 구입하고 싶다고 답하였다. 가정교사를 하기 위하여 이른 아침 용달차로 직접 이동하여 차가 필요한 운전자에게 차를 빌려주겠다는 것이었다.

주 3일 귀갓길에 학교 정문 앞에서 용달차를 인계 받는 방식으

로 하면 운전자로부터 입금을 받으니 차량 운행에 따르는 경비가 전혀 들지 않을 뿐 아니라 소액이나마 수입이 있고 교통 시간을 절약하여 가정교사로서 한 팀이라도 더 입시생들을 가르칠 수 있어 보람이 있다는 것이었다. 이와 같은 학생의 치밀한 계산에 놀라움을 금할 수 없었다. 비록 스승이라지만 학생의 경제 논리를 따를 수 없다고 생각하였다. 그래도 한 사람이 살아가는 과정에 대학 생활은 무엇과도 바꿀 수 없이 소중하니 용달차 구입을 자제하고 자신의 시간을 가지라고 애써 설득하였다.

얼마 후, 학교 앞에서 용달차를 타는 학생을 목격하였는데 학생이 다시 찾아와 용달차 운영이 뜻과 같지 않고 많으면 하루 세 곳을 다녀야 하여 몸이 지나치게 고달프다는 이야기를 하였다. 기회라고 생각하여 가정교사 일을 최대한 줄이고 대학생으로서 폭을 넓힐 수 있는 길을 찾아볼 것을 강력히 권고하였다. 하지만 학생은 자신을 신뢰하는 학생들을 저버릴 수 없다며 건강이 허락하는 한 입학시험일까지 최선을 다하여 가르치는 일을 계속하겠다고 하였다. 신의로 시작한 일을 마치겠다는 학생의 의지를 더 이상 꺾을 수는 없었다.

그렇게나 많은 시간을 가정교사 일에 투자하였는데도 졸업 사정(査定)에서 학생의 성적이 상위권에 있음을 보며 이 학생은 조선소에 취업하면 큰 역할을 하리라고 믿음을 가질 수 있었다. 마침 대기업의 졸업생 추천 의뢰가 들어왔기에 찾아온 인사담당자에게 학생을 강력하게 추천하였고 본인의 의사에 앞서서 취업이 결정되었다. 이튿날 학생을 불러 취업이 사실상 결정되었으니 다른 생각 하지 말고 취업할 것을 종용하였다. 뜻밖에도 학생은 생각할 말미를 달라며 취업에 선뜻 동의하지 않아 크게 실망하였다.

다음 날 학생이 찾아왔는데 사업계획을 가지고 왔다. 본인의 경험을 살려 학비를 벌어야 하는 가정교사 지망 학생을 모집하고 장기별로 과목을 분담토록 하는 한편, 선생들이 가르칠 장소로 이동을 돕는 승합차를 운용하는 계획이었다. 대기업에 취업하였을 때 기대되는 수입의 최소 5배를 자신할 수 있다는 판단이었다. 기업에 들어가면 일을 배우며 전공을 살릴 수 있겠으나 생활의 자유로움을 지키면서 자신의 역량을 살려 대학 진학을 꿈꾸는 후배들을 교육하고 경제적으로는 집안을 책임져야 하니 금전적 문제도 고려하였다는 것이었다.

이에 어찌하여 공과대학에 뜻을 두었으며 어찌하여 조선학을 공부하겠다고 재수를 하였는지 되돌아보라고 강하게 질책하였다. 또한 뜻을 품고 공부를 시작하였다면 눈앞에 보이는 현금 수입에 쉽사리 접어버릴 만큼 그 뜻이 가벼웠는지 다시 생각해보라고 하였다. 국가의 장래를 짊어진 후배들이 꿈을 버리고 돈을 좇아 고등학교의 교과목을 가르치는 일에 뛰어들게 하여서는 안 된다고 하였다. 그렇게 흥분하며 학생을 꾸짖을 수 있었던 것은 이 학생이라면 어디에서도 보다 큰일을 이룰 수 있으리라는 믿음이 있기 때문이었다.

결국 학생은 사업계획을 포기하고 추천해주는 대로 굴지의 조선소로 취업하겠다고 하였다. 이때부터 내가 학생의 장래를 선택하는 데 너무 깊이 관여한 것은 아닌지 깊이 갈등할 수밖에 없었다. 그런데 뜻밖에도 정부의 한 정책 결정이 내 마음을 가볍게 해주었다. 과열되어가는 입시 문제를 해결하는 방안의 하나로 대학생의 과외를 금지하는 법령을 공포한 것이었다. 취업하면서 마음 한편으로는 포기한 사업계획에 대해 아쉬움이 있었는데 이제 전념하여 조선인이 되겠다는 학생의 말을 들으며 나 또한 안도의 마음을 가질 수 있었다.

이후 이따금 기업을 방문하며 몇 차례 만나기는 하였으나 이제는 소식만을 듣고 있을 뿐이다. 대기업에 들어간 뒤 해외 지사에 근무하면서 많은 종류의 선박설계 기술도입에 참여하였고 선박 수주에 필요한 한국형 선박 건조 표준시방서의 제정 등에 공을 세웠다고 한다. 그 외에 선박 및 해양 구조물, 육상 철 구조물의 설계와 시공에서도 탁월한 업적을 남겼다고 한다. 마지막으로 접한 소식은 정치에 뜻을 두고 기업을 떠났는데 건강 문제로 한동안 고생하다가 최근 비로소 회복되어 취미 활동을 하며 여유롭게 생활하고 있다는 것이었다.

지금도 명예교수실에서 사용하는 삼공펀치를 볼 때마다 40여 년 전 공릉동 캠퍼스에서 있었던 학생과의 지난날이 생각난다.

1960년대

1970년대

1980년대

1990년대

2000년대

2010년대

석봉의 부친

어려서부터 석봉이 학문에 전념하고 필체를 완성하는 데 들인 피나는 노력과 어머니의 엄한 훈육에 관한 이야기는 수없이 들은 바 있다. 그러면서도 마치 맹자의 부친에 관한 이야기가 없는 것을 당연하게 받아들였듯이 석봉의 부친에 관한 이야기가 어디에도 없는 것을 전혀 이상하게 생각하지 않았다. 그런데 공릉동 캠퍼스에서 조교수로 승진하고 학과장이라는 책무를 맡아 학과 행정을 보고 있을 때의 일이었다. 장학금 신청을 한 학생의 가정 형편을 들으며 학생은 석봉의 부친이라 해야 옳다고 생각되는 아버지의 훈육을 받고 있음을 가슴으로 깨달은 적이 있다.

학생은 수업을 마치면 가정교사로 시간을 보내고 조명을 밝혀야 하는 시간에 집에 들어간다고 하였다. 부모와 본인 그리고 누이동생이 함께 사는 용두동의 작은 집이라고 하였다. 대학에 입학하던 해에 양복점에 재단사로 근무하고 있던 아버지가 어렵게 입학금을 마련하여 주셨다고 한다. 하지만 아버지 봉급으로는 어머니의 신병을 치료하며 본인의 등록금을 마련하기가 어려웠다고 한다. 아버지는 퇴근 후 집에서 양복을 주문 받아 재단하고 옷을 지어 파는 부업으로 생계를 이어가면서도 학생에게는 학업에 전념하라 하시며 가정교사 일을 하지 못하게 하였다고 한다.

피곤한지 눈이 침침하다 하시면서도 일을 계속하였는데 안과 진료에서 정밀검진이 필요하다는 판정을 받았을 때에는 이미 되돌릴 수 없는 상태였고 양복점의 재단사 일을 그만둘 수밖에 없었다고 한다. 이후 손아래 여동생이 대학 진학을 포기하고 작은 회사에 사환으로 취업하여 집안의 희망인 오빠가 학업에 전념하도록 집안 생계를 맡게 되었다고 한다. 아버지는 희미하게 남아 있는 시력으로 봉투를 접는 일로 생계를 도왔는데 하루 종일 반복 작업을 하다 보니 숙련이 되어 보지 않고도 일을 하실 수 있게 되었다고 한다.

학생이 가정교사 일을 마치고 집에 들어가면 회사에서 퇴근한 동생이 저녁을 준비하였다가 늦은 시간 가족이 함께 식사를 한다고 하였다. 저녁을 물리면 아버지는 아무 말 없이 돌아앉아 봉투를 붙이면서 아들에게 공부할 시간을 많이 놓쳤으니 책상에 앉으라고 하고는 방 안에 하나뿐인 백열전등을 아들 쪽으로 돌려놓으신다고 하였다. 쉬지 않고 봉투를 붙이면서도 아버지는 학생의 집중도가 떨어지는 낌새를 바로 아신다고 하였다. 학생은 아버지를 도울 방도가 없어 조명을 나눌 수 있도록 아버지 뒤쪽에서 밥상에 책을 놓고 보면서 한 손으로 아버지 등을 주무르며 자신에 대한 아버지의 기대와 사랑을 함께 느낀다고 하였다.

학업성적이 상위권에 있고 어두운 데 없이 밝은 인상이었기에 어려운 가운데서 학업을 이어간다고는 생각되지 않던 학생이었다. 작은 방 안 희미한 백열전등 밑에서 봉투를 붙이는 아버지 등 뒤에 앉아 한 손으로는 책장을 넘기고 한 손으로는 아버지 등을 두드리며 정을 나누는 부자의 정겨운 모습이 눈앞에 보이는 듯하였다. 이 학생의 아버지야말로 석봉의 부친이고 이 학생은 석봉과 같이 후일 이름을 떨칠 수 있으리라 생각하였다. 학과장으로서 도울 수 있는 길은 장학금으로 조금이나마 부담을 덜어주는 일이라 믿었기에 학생에게 우선하여 장학금을 지급하였다.

그런데 졸업을 앞두고 학생이 대학원 진학을 하겠다며 찾아왔다. 취업하여야 하는데 병역을 끝내지 못한 상태여서 취업이 자유롭지 못하다고 하였다. 대학원에 진학하여 병역특례 혜택을 받을 수 있으면 병역 문제와 취업 문제가 동시에 해결된다고 하였다. 일변 학생의 반듯한 자세를 믿어왔기에 대학원에 진학하더라도 집안을 보살피며 학업을 계속할 수 있으리라 여겼다. 학생의 말대로 석사학위를 취득한 후 방위산업체에 취업하면 집안의 어려움이 쉽게 해결될 수 있으리라 생각하였다.

석사과정 동안 학생의 생활은 지도교수 중심으로 이루어졌으므로 소식은 이따금 들을 수 있었고 정초에 세배를 오면 잠깐씩 이야기를 나눌 뿐이었다. 대학원에서도 학생에게는 장학금이 지급되었는데 수험생들을 상대로 방과 후 가정교사를 지속하며 생활비를 마련한다고 들었다. 학생이 졸업할 즈음 국비유학의 길이 열렸다. 많은 학생들이 경쟁적으로 국비유학생 선발시험에 응하였으나 이 학생은 뜻이 없어 보였다. 당연히 취업을 희망하는 것으로 판단하여 특례 보충역으로 회사에 취업하려는 것으로 지레짐작하고 기회가 오면 추천하려고 하였다.

정초에 학생들이 와서 세배를 드린다며 집안이 시끄러웠는데 학생이 결혼 예정이라며 신부와 함께 찾아왔다. 잠시 이야기를 나누다 학생은 결혼 후 미국의 유명 대학으로 유학을 떠나게 되어 준비할 일이 많다면서 신부와 함께 일찍 자리에서 일어났다. 병역이나 학비 등 해결해야 할 문제가 많고 취업도 해야 하지 않느냐 물었으나 학업을 미루기보다는 병역을 미루는 것이 옳다고 보아 자비 유학을 계획한다며 피하듯이 황급히 집을 나섰다. 순간 수년에 걸쳐 학생이 장학금을 받으려고 속인 것이 아닐까 생각되어 학생에 대한 믿음이 일순간 무너지는 충격을 받았다. 그 후 몇 해가 지나도록 신뢰를 저버린 학생을 잊기 어려웠는데 주목받는 연구 결과로 학위를 취득하였다는 소식을 들었다.

얼마 뒤에 학과 교수 공채에 응모하려 한다는 소식을 전해 듣고 학생의 진심이 믿어지지 않는 상태여서 전공이 적합하지 않아 다음 기회를 생각하라고 말을 돌렸다. 다시 몇 해가 지나 학자의 길을 버리고 사업 경영에 나섰으나 사업이 뜻과 같지 않다는 소식을 학생의 동기생을 통하여 들을 수 있었다. 또 결혼을 약속하고 찾아왔던 신부는 가정교사로 가르치던 학생이었는데 졸업하며 온 가족이 이민을 떠나는 유복한 가정의 외동딸이었고 학생이 대학원에 재학하던 시절 더러는 윤택하게 보였던 것도 처가의 보살핌이 있었기 때문임을 알게 되었다. 미국에 자리 잡고 내외가 협심하여 부친을 미국에 모셔 시력 회복에 상당 부분 힘을 기울였던 것도 짐작할 수 있었다.

부친의 훈육을 받으며 가정의 생계까지 돌보아야 하는 어려운 환경에서도 꾸준히 앞길을 헤치며 학업을 이어가던 것이 학생의 본모습이었는데 정초에 몇 마디 나눈 말을 빌미로 스승을 기망(欺罔)한 것으로 치부하였던 것이 잘못이 아니었나 생각되었다. 석봉이라 부르고 싶었던 학생이 태평양을 건너 미국으로 유학을 떠난 것이 부친의 시력 회복에도 뜻이 있었던 듯하여 인당수로 나간 심청과 비교된다고도 느꼈다. 좀 더 일찍 마음을 열고 학생의 사정을 알고자 하였더라면 귀국을 종용하고 석봉처럼 활동할 수 있도록 도왔을 것이라고도 생각되었다. 40년이 지난 지금 되새겨보면 학생은 학위취득 후 귀국하여 모교에 자리를 잡고 활동하기 원하였으나 기회가 오지 않아 귀국을 포기하였고 석봉의 길을 열어주지 못하였음이 나에게는 아쉬움으로 남았다.

1960년대
1970년대
1980년대
1990년대
2000년대
2010년대

학부모와의 동침

공릉동 캠퍼스에 공과대학이 있던 1970년대 후반의 일이다. 대학은 학생운동으로 강의를 하지 못하는 경우가 허다하였으나 다른 한편으로는 캠퍼스 종합화계획에 따라 공과대학을 관악 캠퍼스로 이전시키는 계획이 바쁘게 다듬어지던 시기여서 행정업무가 적지 않았다. 30대 후반의 젊은 나이이고 신임 조교수로서 학과업무를 감당하기에 적합하지 않았지만 비교적 학생들과 가깝게 지낼 수 있다는 점이 이유가 되어 학과장이라는 중책을 지고 있었다.

학기말이 지나 성적을 제출하고 다음 학기 장학생 선정이 끝나갈 때인 12월 하순 무렵이었다. 학생과장이 회의를 소집하여 회의에 참석하였더니 학생운동 현황을 비롯해 대학 차원에서 학생 가정방문을 계획하게 되었다는 배경 설명과 함께 학생 명단을 넘겨주었다. 내 손에 쥐어진, 가정방문이 요구되는 문제 학생은 2명이었는데 학생운동에 적극적으로 가담하고 있는 영향력이 큰 학생이니 학부모를 면담하고 가정과 연계하여 지도할 수 있는 길을 열라는 요청이었다.

한 학생은 주소지가 지방이었으나 학부모가 정해준 서울 집에서 형과 거주하고 있었으며 형편도 나아 보였다. 다른 학생도 지방 학생으로 서울에서 거주하고 있긴 하였으나 서울 주소지는 파악이 되지 않았다. 장학금을 신청하러 연구실로 나를 찾아왔을 때 지급 인원이 정해져 있어 사정이 딱한 학생들 모두에게 주고 싶어도 그럴 수 없어 안타깝다 하였더니 학비는 어떻게든 스스로 해결해 보겠다며 어려운 학생에게 우선 지급하라고 방을 나서던 학생이었다.

두 학생만을 찾는 것은 둘이 문제 학생으로 지목 받고 있다는 것을 너무 노출시키는 일이라 생각하여 여수 석유화학공장의 선배를 찾는다는 핑계로 연말을 앞두고 주소지가 여행 경로에 있는 학생들 가운데 장학금을 신청한 학생들의 형편을 살펴보기로 마음먹었다. 학생들의 신상 카드를 조사하여 방문 대상 학생을 정하고 주소지를 바탕으로 나름대로 순방 계획을 잡아 출발하였다.

첫 번째로 학교 교사인 아버지의 봉급으로 학비 마련이 어렵다던 학생의 집을 찾으니 시가지 중심에서 멀지 않은 주택 지역에 잘 가꾸어진 정원이 달린 일본식 단층 주택이 나왔다. 예고 없는 방문이었음에도 집 안은 잘 정돈되어 있었고 모친은 평상복 차림이었으나 갈아입지 않고 외출해도 문제없어 보이는 모습이었다.

학비 마련이 어려우리라는 느낌은 없었으나 교육자의 집안이라 늘 빈틈없이 정돈하는 것이겠거니 생각하였다.

두 번째는 모친이 하숙생을 받아 어렵게 생활하며 학비를 보내주시는 것이 늘 마음에 짐이 된다는 학생의 집이었다. 상당수의 학생을 수용할 수 있는 규모였는데 문간의 작은 방에 학생들이 겨울을 나며 먹을 수 있도록 추수하여 쌀 8가마를 들여놓은 것이 눈에 들어왔다. 어느 정도 규모 이상이고 농지에서 쌀을 가져다놓을 수 있음을 보며 학비 마련이 어렵지는 않겠다고 생각되었으나 편모슬하인 학생의 마음을 헤아리기로 하였다.

세 번째는 공무원인 형이 박봉(薄俸)에 학비를 마련해주고 있다는 학생의 집으로 형제간에 우애가 돈독하여 형이 학업에만 열중하라고 하면서 흔한 가정교사 일을 만류한다고 하였다. 학비를 형수 손에서 받는데 손길에서 느껴지는 차가움이 늘 마음에 걸려 장학금이라도 받아야만 형과 형수 앞에 낯을 세울 수 있다고 하였다. 학생의 지도교수라는 말에 형수가 반기며 당시로는 보기 힘들던 문짝이 두 개인 냉장고에서 맥주와 안주를 내왔을 때 학생의 성적이 우수한 편이었던 것이 생각나면서 장학생 선정의 명분을 찾고 있는 스스로를 발견하였다.

정작 찾아야 하는 문제 학생은 다시 열차로 이동해야 하였기에 제일 마지막으로 순서를 잡고 있었다. 열차 시각이 여섯 시가 조금 지난 시간이었으므로 학생들과 역 앞에서 간단히 이른 저녁을 먹고 남은 시간 동안 당구장에서 당구 게임을 하였다. 그러나 첫 학생의 당구 점수가 상당 수준에 이른 것을 보고 내가 교육자의 아들이라는 이유로 장학생으로 잘못 선정한 것이 아닌가 하는 생각을 하였다.

열차표를 구매하면서 되돌아 나오는 열차 편을 알아보니 다음날 아침에야 차편이 있기에 역에 내리면 여관부터 정해야겠다고 생각하였다. 동지가 멀지 않아 비교적 따뜻한 날씨였으나 해가 지면서 기온이 가파르게 떨어졌다. 목적지 역에 도착하였을 때에는 역사가 없는 간이역임을 알고 몹시 당황하였다. 역 주변에 있는 것이라고는 희미한 백열전구가 켜진 조그만 구멍가게 하나뿐이었다.

가게에 들어가 정황을 물으니 아침저녁 통근열차가 한 차례 정차할 뿐 일반 교통을 이용하려면 시간 반을 걸어야 버스 정류장에 갈 수 있다고 하였다. 당연히 숙박 시설이 있을 수 없는 형편임을 깨닫고 근심이 쌓였으나 어렵게 찾아온 문제 학생의 집부터 우선 찾기로 하고 학생의 주소지를 찾아가는 방법을 물었다. 가게 주인이 날이 어두워 가실 수 있을는지 걱정이라며 길을 알려주는데 앞에 보이는 작은 산을 넘어야 한다고 말하는 것이었다.

가게에서 손전등을 사서 들고 빠른 길이라 알려준 농로를 따라 걷기 시작하였으나 제대로 된 길을 가고 있는지 걱정이 이만저만이 아니었다. 20분쯤 걷다가 반갑게도 촌로를 만나 길을 물으니 제대로 길을 들었다 하고 마침 같은 방향이라 길 안내를 받게 되었다. 산을 넘으면 약 40호가 있는 마을이 있는데 유독 전기가 없는 두 집 중 하나가 학생의 집이라 쉽게 찾을 것이라며 학생은 마을의 자랑이라고 칭찬이 자자하였다.

　석유 등잔으로 밝힌 학생의 집은 새마을 사업으로 초가는 벗어난 듯 보였다. 찾는 학생은 집에 없었고 뜻밖의 방문객이 아들의 지도교수라는 말에 나이 든 부모는 적잖게 당황하는 빛이 역력하였다. 아버지는 대학입시 준비에 한창인 고등학교 3학년 아들을 불러 마을 안 가게에 가서 소주 한 병과 막걸리 한 주전자, 안주로 꽁치 통조림과 포도 통조림을 한 통씩 사고 오는 길에 이장 어른을 모시고 오라고 하였다.

　환갑은 넘어 보이는 이장이 오고 작은 상에 김치와 꽁치 통조림이 놓인 주안상이 차려졌다. 학부모와 이장은 막걸리를 따르고 나는 아들의 지도교수라며 소주를 따라주었다. 학교에서는 학생의 가정 형편을 깊이 알지 못하였으나 어려운 학생에게 장학금을 먼저 지급하라던 학생이었음이 생각나서 아들을 칭찬하며 장래 큰일을 할 것으로 믿는다고 하였을 뿐 학교에서 힘들어하는 문제 학생이라는 말은 입에서 꺼내지도 못하였다.

　술이 몇 순배 돌아갈 무렵 학생의 아버지는 막내인 딸을 친구 사이인 이장 따님과 재워주기를 이장께 간청하였다. 그제야 학부모가 내가 잘 자리를 마련하느라 딸을 이장 댁으로 보내는 것으로 짐작하여 내심 못 이기는 체하며 잠자리는 해결되겠구나 하는 안도의 마음을 가졌다. 술병과 주전자가 비고 이장이 댁으로 돌아갈 때 짐작하였던 대로 선생님은 누추하더라도 집에서 주무시고 가야 한다고 하여 감사하다고 말씀드렸다.

이른 아침 서울서 떠나 하루 종일 돌아다닌 탓에 피로감이 몰려왔고 소주까지 하였으니 눕고 싶은 생각이 간절하였다. 학생 어머니는 상을 들고 나가 치우면서 본인은 딸 방에서 잘 터이니 선생님 쉬실 수 있도록 하라고 하였다. 아버지가 침구를 준비하신다고 하여 마당의 우물가에서 찬물로 세수를 하고 방으로 다시 들어가니 침구가 한 벌 깔려 있었다. 내심 혼자 자라는 것으로 생각하였는데 뜻밖에 아버지는 민망한 낯빛으로 침구가 하나뿐이라 함께 자야 한다고 하였다. 딸아이의 침구는 작아서 선생님이 쓰기에 적당치 않으니 모친이 딸 방에서 자기로 하였다는 것이다. 학생 집에는 딸아이의 침구와 대학입학 준비생인 아들의 침구 그리고 내외의 침구가 있을 뿐이었다. 비로소 선생이 집을 방문하리라는 사실을 알면서도 집에 내려오지 못한 것이 가정교사 일정만이 아니라 침구조차 없는 것도 한 원인이 되었으리라는 생각이 들었다.

　안방이라 하지만 작은 방이고 한 침구를 함께 써야 하니 아랫목과 윗목이 따로 없을 법한데 부득불 아랫목에 자리를 잡으라 하여 따를 수밖에 없었다. 잠들기 전에는 이불 끝자락만을 덮고 누워 잠이 들었으나 얼마 후 한기를 느끼고 깨어났다. 계절도 있었을 뿐 아니라 산속 마을이라 기온이 내려가며 잠이 깨었던 것이다. 다시 쉽게 잠들지 못하고 추위를 참을 수밖에 없었다.

　그런데 학생 아버지가 짐작하셨던지 "선생님, 추우시지요?" 하며 가까이 누워 등을 서로 대자고 하였다. 날이 새려면 멀었고 등을 서로 지고 누우면 체온을 나눌 수 있어 다시 잠을 청할 수 있다고 하였다. 정말로 등으로 학부모의 체온이 전해오면서 나도 모르게 잠을 이룰 수 있었다. 이른 아침 통근열차를 타야 광주로 나갈 수 있다며 학생 어머니가 아침을 준비하는 소리가 들렸다. 아궁이에 불을 지폈는지 연기 냄새가 났고 바닥이 따가워짐을 느끼며 일어났다.

따뜻한 밥과 배춧국에 김치로 아침을 들며 벽을 보니 저녁에는 어두워 보이지 않았던 달력이 눈에 들어왔다. 신문사에서 정초에 만들어 보내준, 12달이 한 장에 모두 들어 있는 달력이었다. 이제 한 해가 지나감을 느끼며 새해에는 모두가 좀 더 편안해졌으면 한다고 말을 꺼내었다. 체온을 나누며 하루를 동침하였던 부친은 둘째의 대학 입학 그리고 결핵으로 고생하는 부인의 건강 회복을 소망한다고 하였다.

어머니가 딸 방에서 자기로 하였던 다른 이유가 혹시 결핵의 전염을 걱정하였던 데 있음을 감지할 수 있었다. 일찍 일어나 정성들여 아침상을 차려준 어머니에게 고마움을 금치 못하였다. 동구 밖까지 배웅을 받으며 열차를 타러 가는 동안 오래도록 등 뒤의 시선을 느낄 수 있었다. 통근열차에 올라 방학을 앞두고 등교하는 학생들 사이에 서서 광주까지 되돌아 나오며 뜻하지 않았던 학부모와의 하룻밤 동침이 되새겨졌다.

연말이 되어 총장실로부터 교수회관 소회의실로 나오라는 연락을 받았다. 가정방문에 나섰던 문제 학생의 지도교수들을 위로하고 다른 한편으로는 보고를 받기 위한 자리로 마련된, 점심 식사가 곁들인 모임이었다. 가정방문의 결과를 알리면서 지침에 따른 연계지도는 이루어지지 않았으나 걱정하지 않아도 좋을 것이라는 믿음도 전하였다. 며칠 후 행정실의 학생주임으로부터 문제 학생에게 총장실에서 특별장학금 지급을 결정하였다는 뜻밖의 소식을 접하였다.

정초에 학생이 연구실로 장학금을 받게 되었다며 감사하다고 인사차 찾아왔다. 연구실에 들어온 달력을 하나 골라 부모님께 전하라 하였더니 등록금 마련을 위하여 가정교사 일로 뛰어다니느라 몹시 바빴는데 이제는 번 돈으로 일 년 가까이 밀린 본가의 전기료를 보내드릴 수 있게 되었다며 기쁨을 감추지 못하였다. 학생과 학부모 누구에게도 시국과 학생운동에 관련된 한 마디의 말도 하지 않았으나 학생의 생각과 행동이 반듯하여 걱정할 필요가 없어 보였다.

다음 해에 졸업한 학생은 대기업에 취업하였고 몇 차례 소식을 듣긴 하였으나 소식이 끊어지면서 오래도록 기억에서 잊히게 되었다. 그런데 졸업 30주년을 맞은 학생들이 부르는 자리에 나갔더니 가정방문을 하였던 모든 학생이 한자리에 있음을 발견하고 감개가 무량하였다. 모두 각자 속한 기업에서 임원으로 중책을 맡고 있었으며 유독 창업하여 개인 사업을 이룬 문제의 학생에게 부모님의 건강을 물으니 양친 모두 건강하시다는 소식을 들을 수 있었다. 직장까지 버리고 부인의 건강을 위하여 산촌으로 귀농하셨던 아버지의 소망이 이루어졌음을 알 수 있었다.

1960년대
1970년대
1980년대
1990년대
2000년대
2010년대

현해탄에 세우는 다리

조선공학을 전공하고 석사과정을 마친 후 탄광회사에 취업하여 광산기계 설계업무를 담당하고 있을 때였다. 신입 사원을 모집하고자 공릉동 공학캠퍼스를 찾아 4학년 학생들과 면담 기회를 마련하여주신 기계공학과의 이택식 교수와 조선공학과의 임상전 교수를 뵙고 인사를 드렸다. 이때 학교에도 장차 조교로 응모할 기회가 있을 것이라는 임 교수의 말씀에 끌려 회사의 업무를 정리하고 1968년 5월 학교로 돌아왔다. 11월에 유급조교 발령을 받고 탄성학 관련 실험 논문을 발표하여 1970년 1월 전임강사로 발령 받았던 것이 내가 조선공학과에서 오래도록 생활하게 된 시발점이었다.

조선산업의 핵심기술 중 하나인 용접공학을 담당하면서 다른 한편으로 용접 열로 인하여 판에 나타나는 열응력 현상을 열탄성학으로 해석하여 학위논문을 제출하고 박사학위를 취득하였다. 당시는 캠퍼스를 이전하고 실험실습 시설을 확충하는 계획이 바쁘게 돌아가던 시기였고 산업체에서 광산기계설계를 담당하였다는 나의 조그만 경력이 이유가 되어 학과의 핵심시설인 선형시험수조(船型試驗水槽) 계측기기를 도입하는 계획에 참여하고 있었다. 이렇다 할 경험도 없는 상태에서 어렵게 생각하던 선박 주위의 유동(流動) 현상을 계측하는 문제에 발을 들여놓으면서 이 분야의 교육을 담당하라는 학과 교수님들의 명을 받았다.

비로소 눈을 뜨기 시작한 용접공학을 버리고 다시금 선박유체역학 분야를 개척하여야 하는 어려운 결정을 해야만 하였다. 마침 부산대학교가 선형시험수조를 건설하며 해외 전문가로 초빙하였던 일본 히로시마[廣島]대학의 나카토 미치오[仲渡道夫] 교수가 서울을 방문하였고 명예교수인 황종흘 교수의 만주 봉천중학 후배임이 밝혀졌다. 당시 일본정부의 무상원조계획이 확정되어 주요 기자재의 발주가 이루어지고 있었는데 계측기기의 구성은 불확정적인 요소가 많이 남아 있었다. 장님이 코끼리를 더듬어 판단하듯 주문생산품인 선형시험수조의 계측기기를 계획하고 시스템을 구성하는 것은 나에게는 큰 어려움이었다. 1976년 12월 초, '콜롬보계획(Colombo plan; 1950년에 영연방에서 제창된 동남아시아 기술·경제 원조 계획)'에 따라 일본에 파견되는 5인의 단기연수생(금속공학과 김동훈 명예교수, 전자공학과 이충웅 명예교수, 고인이 된 섬유공학과 하완식 교수와 건축공학과 이건 교수 그리고 필자) 가운데 한 사람으로 선발되어 일본지역의 산업시설을 15일간 시찰하고 연말부터는 히로시마대학에 홀로 파견되어 선형시험수조의 각종 계측기술을 살피는 기회를 얻었다.

히로시마대학에 체류하는 겨울방학 기간에는 나카토 교수의 배려로 일본조선학회의 주요 행사에 참석하여 젊은 학자들과 교류의 길을 열었으며 일본의 주요 대학과 연구소 그리고 기업의 선박 유체역학 관련 연구시설을 찾아 다양한 계측시스템을 살펴볼 수 있었다. 히로시마대학에서 하는 실험에도 직접 참여하여 실험 기법을 경험하고 실험 전 계측기기의 성능을 파악하는 검증교정시험의 중요성을 인식하게 되었다. 서툴지만 일본어로 최소한의 의사소통이 가능하게 되는 행운도 얻었다.

나카토 교수의 이러한 배려는 황종흘 교수와의 특별한 인연뿐 아니라 일본인으로서는 극히 드문 기독교 신자로서 성심을 다하는 마음가짐에서 나왔다고 생각한다. 또한 패전국 국민으로서 전후 중국 만주에 상당 기간 억류 상태로 있으면서 철도기술원으로 근무하며 닦은, 서두르지 않으면서도 세심하고 꾸준하며 분명하게 일을 처리하는 방식에서 비롯되었다고 믿고 있다.

1976년 연말연시에 걸쳐 학교 휴무 기간에는 영어 소통이 비교적 어려운 시코쿠[四國]지역을 단독으로 일주할 수 있도록 계획을 세워준 바 있다. 나카토 교수는 히로시마 출발에서 귀환에 이르기까지 선박, 열차, 버스 등 교통 예약과 숙박지의 숙소 예약은 물론이고 여행 중 겪을 수 있는 문제점들을 가상하여 일일이 대처할 수 있도록 일본어와 영어로 작성된 비상시 의사소통용 카드를 작성해주기도 하였다. 단기간 일본어 교육을 받았으나 입이 떨어지지 않는 상태였기에 열차표를 살 때 비상 카드를 보이고 사야 하였는데 결과적으로 일본인들도 좀처럼 이용하지 않는 특등 칸을 혼자서 타보는 색다른 경험을 할 수 있었다. 귀성 철의 혼잡을 생각하여 '특등석을 구입하기 원하지만 불가피하면 입석이라도 구입할 수 있도록 배려해달라'는 나카토 교수의 부탁이 적힌 카드를 보고 매표원은 깍듯이 인사하며 값비싼 특등석을 내주었기 때문이었다. 이렇게 첫 번째 비상 카드 이용에서 예상치 못한 경험을 하여 이후로는 비상 카드를 사용하지 않고 여행에 임하기로 하였다. 이때 일주일간 벙어리와 다름없는 상태에서 하였던 여행은 히로시마에 귀환하여 나카토 교수 댁에 무사히 도착했음을 일어로 보고할 수 있을 정도의 배짱을 키우는 계기가 되었다.

1977년 2월 말 귀국하여 새 학기를 맞은 후 1962년 공릉동 캠퍼스에 전후복구사업을 위한 ICA(International Co-operative Alliance, 국제협동조합연맹) 자금으로 중력식 선형시험수조가 건설되었다. 그러나 담당하던 김정훈 교수의 후임이 정하여지지 못하여 활용이 어려운 상태에 있었는데 이를 실험이 가능한 상태로 수리하였고 새로운 현대적 선형시험수조를 계획하는 일에 집중하였다. 일본정부의 무상원조계획에 따라 모형선 예인전차가 발주되었으며 1978년 도입되었다. 이듬해 겨울에 관악 캠퍼스로 이전하면서 선형시험수조의 계측시스템 구축이 일본 외무성의 해외협력자금(OECF)

과 국제부흥개발은행자금(IBRD)의 확보로 순조롭게 이루어졌다. 1981년 선형시험수조(42동)가 착공되었고 이어서 1983년 말에 준공되었다.

　다른 한편으로 학교보다 뒤늦게 계획되었던 선박연구소의 선형시험수조가 대덕연구단지 안에 건설되었다. 나카토 교수의 조언을 받아 계측시스템을 구축하고 업무를 시작한 지 얼마 되지 않은 때였으므로 나카토 교수는 당연히 계획하고 있던 서울대학교의 선형시험수조 설치에 따르는 각종 문제를 조언해주었으며 이는 마음을 열고 교분을 나누는 계기가 되었다. 이때 얻은 지식으로 서울대학교의 뒤를 이어 건설된 현대중공업 선박해양연구소의 선형시험수조 건설에서 자문 역을 맡을 수 있었다. 1996년에는 삼성중공업이 추진한 세계적 규모의 선형시험수조 건설사업에 참여하여 계측기기의 국산화 설계를 담당하였다. 이 과정에서도 여러 차례 한국을 방문한 나카토 교수로부터 많은 도움을 받았다.

　1983년 말에 선형시험수조가 완공되고 1984년에 도입한 계측기기의 검증교정시험을 실시하였을 때 서울대학교 공과대학에 표준이 없다는 놀라운 사실을 깨달았다. 표준길이, 표준각도, 표준중량, 표준온도, 표준시간, 표준전압 등의 각종 표준 물리량이 계측기기의 교정시험에 반드시 필요하였으나 이들을 일일이 주변 학과의 도움을 받아 결정하고 실험해야 하는 어려움을 겪을 수밖에 없었다. 1984년 가을에 검증교정시험을 끝내고 국제선형시험수조회의(International Towing Tank Conference: ITTC)에서 수행하고 있던 국제공동연구에 참여하였다. 1987년 고베[神戶]에서 개최된 제18차 ITTC에서는 22개 기관이 동일한 모형선으로 계측한 저항시험 결과를 발표하였는데 서울대학교의 결과가 공동연구에 참여하였던 모든 기관의 계측 결과를 평균한 값과 일치하는 것으로 나타났다.

이렇다 할 경험도 없는 서울대학교의 새로운 선형시험수조가 뜻밖에 전 세계 주요 연구기관의 계측값과 일치하는 결과를 내었다고 평가받았으며 ITTC는 6년간 계측시험법과 계측값의 평가 기준을 결정하는 연구에 힘을 기울였다. 후일 ISO(International Standardization Organization, 국제표준화기구)에서는 이 연구 결과를 바탕으로 하여 선형시험수조에서 이루어지는 각종 시험에 적용되는 국제표준시험법을 제정하였다. 나카토 교수와의 인연이 있었기에 조선해양공학과의 선형시험수조가 사실상 세계를 대표하는 선형시험 결과를 제출할 수 있었으며 이를 국제기구가 인정하고 국제표준으로 발전시킨 일은 서울대학교에 재직하는 동안 이루어낸 성과 중에 가장 자랑스럽게 생각하는 일이 되었다. 이후 매 3년마다 나카토 교수와 ITTC에 참석하였고 ITTC보다 1년 앞서 3년마다 개최되는 선박 설계에 관한 국제회의(International Symposium on Practical Design of Ships and other Floating Structure: PRADS)에도 매번 함께 참석하였다.

나카토 교수의 활동 가운데 매우 색다른 부분이 있었는데 그중 하나는 일본에서 매년 열리는 대회인 'Solar and Human Powered Boat Race'의 심판장으로서 활약하는 것과 초소형 고속선에 관심을 두고 일본경정협회의 기술위원회를 이끌고 있다는 것이었다. 자연스럽게 두 가지 일과 관련된 정보를 많이 얻으면서 이를 바탕으로 충남대학교가 전국 규모의 인력선 대회인 '휴먼-솔라보트축제(Human and Solar Powered Vessel Festival)'를 창설할 수 있도록 지원하였다. 조선해양공학과의 학생들도 이 경기에 스스로 설계 제작한 '포세리아(Poseria)'라는 이름의 인력선으로 출전하였으며 여러 해에 걸쳐 우수한 성적을 올렸다. 2014년 8월 13일에는 6회째 대회가 개최되었다.

서울대학교에서는 초소형 고속선에 관련된 자료를 바탕으로 40노트(시속 74km)급 1인승 고속선을 실험실에서 개발하였다. 이 보트는 현재 미사리 경정경기장에서 공식 경기용 선박으로 사용되고 있는 경기용 모터보트의 원형이 되었다. 많은 사람들이 외국에서 생산된 선박을 도입하여야만 경기를 할 수 있을 것으로 믿어왔지만 이를 극복하고 국산 고속선을 공급할 수 있는 계기를 마련한 것이었다. 실제로 300여 척에 이르는 경기용 고속선을 졸업생이 운영하는 기업이 제작 납품하여 경정경기에 사용되고 있음은 조선공학을 공부한 사람으로서 자존심을 지킨 일이 되었다고 자부한다.

1975년 우리나라를 방문한 이후 나카토 교수는 거의 매해 한국을 방문하여 조선공학 분야에서 한일 간 협력의 길을 열어주었다. 나카토 교수와 관련된 수많은 일 중 가장 기억에 남는 것을 소개하면 첫째는 1995년 5월 김재근 교수를 초빙한 일이었다. 이는 일본이 우리나라를 상국(上國)으로 섬기며 사신을 맞이하던 역사적 사실을 기리기 위하여 건립된 조선통신사기념관에 김재근 교수가 고증하여 설계한 조선통신사선이 전시된 것을 축하하고 일본의 선박 역사 연구자들과 교류의 자리를 마련한 것이었다. 둘째는 2001년 8월 12일 인력선 경기대회에 참석한 일이었다. 이때 경쟁관계에 있는 우리나라의 조선산업을 일본에 분명히 알리고자 한국의 관점에서 살펴본 『한국의 조선산업』(경제인연합회 편찬)을 일본어로 번역 출간하는 문제를 제기하여 조선계의 원로 여러분이 함께 참여하며 번역 작업에 착수하는 길을 열 수 있었다.

하지만 일본 구레[嗚]시 해사박물관의 건설 자문역을 맡게 된 나카토 교수가 검진을 미루던 것이 화근이 되어 여러 곳에 암이 전이되었음이 밝혀졌고 한일 양국의 지인들은 모두가 선생의 건강을 걱정하였다. 나카토 교수 본인은 진심으로 번역 작업이 끝나기까지는 함께 일할 것을 약속하였으나 처음으로 한국 친구들과의 약속을 지키지 못하고 가족의 곁을 떠나며 유골을 현해탄에 뿌려달라고 당부하였다. 선생의 1주기를 맞아 가족과 제자가 2004년 4월 16일 유골을 모시고 방한하였고 한국의 여러 친지가 함께하여 부산 오륙도 앞에서 현해탄에 유골을 봉정하였다.

생각하면 나카토 미치오[仲渡道夫] 교수의 함자에서 느껴지듯이 선생께서는 한일 양국 사람들 사이를 징검다리처럼 연결하는 중간 섬이 되고 길을 여는 사람이 되고자 하였다고 생각한다. 아마도

나카토 교수는 현해탄에 우정의 다리가 놓이기를 바라셨을 것이다. 함께하기로 하였으되 매듭을 짓지 못한『한국의 조선산업』일본어 번역은 작업을 계속하여 2005년 1월 현대문화사(한국, 서울)에서 일본어판『韓國の造船産業』이 발행되었다. 이 도서가 출간됨으로써 나카토 교수가 꿈꾸던 현해탄에 마음의 다리가 세워지고 선생께서는 마음의 짐을 덜게 되시리라 기대한다.

1960년대

1970년대

1980년대

1990년대

2000년대

2010년대

40년을 함께한 낡은 두 바퀴

1964년 대학을 졸업하고 대학원에 입학하였을 때 나는 조선공학과의 첫 번째 대학원 입학생인 것으로 생각하였다. 재학 중 대학원의 선배들을 접하지 못한 데 따른 착각이었으나 후일 두 분의 선배가 58년과 61년에 졸업하였다는 것을 알게 되었다. 한 학기가 지날 무렵 공학 분야에 대한 정부의 지원이 결실을 보기 시작하였고 교수들의 연구논문을 발표할 학술지의 필요성이 대두되자 대한조선학회에서는 황종흘 교수가 〈대한조선학회지〉 창간을 준비하였다.

나는 학회지 창간에 선생님을 시중드는 것만으로도 마음이 부풀어 있었으며 창간호에 회원으로 이름이 올랐을 때에는 마치 조선 분야의 전문가가 다 된 것 같은 기분이었다. 다음 해 문장출, 배광준, 이세중, 이재욱 등이 입학하며 대학원은 활기를 띠었다. 특

40

히 함께 기숙사 생활을 하던 대학원생 중 나의 뒤를 이어 학회지의 편집간사 업무를 보게 된 이재욱과 남달리 가까워졌다. 학교 앞에서 술을 마시기도 하고 때로는 종로까지 같이 나다니면서 대학원 생활을 함께하였다. 1965년 가을 어느 날 늦은 시간에는 학회지 편집과 관련하여 긴급히 확인할 일이 있어서 재욱의 집을 찾아가기도 하였다. 개발이 진행 중이던 번동의 주택가를 밤중에 약도를 들고 찾았으나 가로등도 없고 주택도 듬성듬성 있는 논밭 사이를 헤매던 것이 오래도록 기억에 남는 일이 되었다.

1966년 봄, 대학원을 졸업하고 한 광산회사의 광산기계설계실에 기사로 취업하였다. 재욱은 석사과정에 재학하며 정부로부터 위탁받아 어선 선질 개량사업으로 수행한 FRP(Fiberglass Reinforced Plastic, 유리섬유강화플라스틱) 선박 설계를 개발하는 업무에 참여하였다. 그리고 우리나라 선박 설계의 표준이 될 수 있는 선형(船型)의 설계도서(設計圖書) 마련을 위하여 상공부가 60여 종의 선박에 수행한 표준형선 설계사업 등에 참여하여 공을 세우기도 하였다. 또 공과대학의 조교로 자리를 잡는 한편, 독일정부의 장학금을 받아 유학의 기회도 얻었다. 이 무렵 나는 설계실에서 2년째 근무하고 있었는데 정부의 경제개발정책 영향으로 공과대학 출신의 채용이 어렵던 시기였으므로 모교를 방문하여 취업설명회에서 기계공학과와 조선공학과 후배들에게 회사를 홍보하였다.

후배 졸업생들로부터 호의적 반응을 얻고 고취된 상태에서 당시 학과장이던 임상전 교수를 뵈었다. 이때 교수께서는 독일정부

장학생으로 선발된 다수의 서울대학교 조교들이 유학을 떠나면 그 자리에 발령 받을 가능성이 있음을 비치며 학교로 되돌아올 것을 은근히 권하셨다. 재욱이 독일로 출국하는 일정을 들어서 알고 있었기에 회사로 돌아가 담당하던 설계업무를 마무리 지을 수 있는 기간을 계산하고 미리 사직원을 제출하였다. 취업설명회에 가서 학생을 모집하려 하였다가 오히려 학교로 유인된 셈이었다.

5월에 학교로 돌아와 6개월을 말없이 기다린 끝에 1968년 11월 1일자로 조교 발령을 받았다. 직접적으로 재욱의 자리를 이어받은 것은 아니나 내가 학교생활을 시작할 수 있었던 출발점이 그의 독일 유학이 정하여진 데 있었다고 생각한다. 대학에서 조교로 일하면서 논문을 발표하여 전임강사로 발령 받고 모교 교수로 순차적 승진을 할 수 있는 첫 번째 기회를 얻은 것이었다. 내가 부교수로 승진할 무렵이었다고 생각되던 시기에 재욱은 독일에서 귀국하여 한국선급(韓國船級, 우리나라 유일의 국제 선박 검사기관)의 담당기사로 자리 잡았던 것으로 기억한다.

이 기간에 나는 대학에 근무하면서 용접 과정을 열탄성학 문제로 해석한 논문을 제출하여 학위를 마쳤으며 용접역학 강의를 맡게 되었다. 학과의 핵심시설인 선형시험수조의 설계와 기획이 시작되었을 때에는 광산기계에 대한 2년간의 짧은 설계 경험이 있었기에 학과 교수님들을 도우며 업무에 참여하였다. 용접 강의를 하여야 하는 나에게는 걸맞지 않은 업무였으나 실험실 설계와 건축, 실험기기의 계획, 운용에 이르는 제반 업무를 맡은 것이 연유가 되어 뒷날 선형시험수조의 업무를 담당하였으며 점차 전공을 저항 추진으로 바꾸었다. 재욱과 나는 1970년대 말까지 학위과정과 각자의 실험실 구축으로 서로 연락 없이 바쁜 생활을 하며 지냈으나 뜻하지 않던 전공의 변경이 1980년대에 들어 재욱과 나 사이를 상호보완적인 관계로 맺어주었다.

한국의 조선산업이 어느 정도 국제사회에서 인정받고 일본조선학회와 대한조선학회가 공동으로 실제적 선박 설계에 관한 제3차 국제회의(PRADS)를 개최하면서 나와 재욱은 온갖 노력을 다하여 행사를 성공적으로 개최함으로써 숨은 공로자가 되었다. 내가 유체역학 관련 업무를 맡아 국내 중심의 총괄 업무를 담당하면 재욱은 구조 관련 업무를 맡아 국외 중심으로 추진 업무를 담당하여 수레의 두 바퀴처럼 충실한 동반자로서 서로를 보완할 수 있도록 힘을 기울였다.

또한 대한조선학회를 중심으로 하는 40여 년에 걸친 각종 활동의 초기에도 우리 두 사람은 역대 회장을 모시는 수레바퀴가 되었으며 후반에 들면서는 2인승 자전거의 두 바퀴와 같은 역할을 하였다. 두 사람이 마음을 하나로 합하였기에 자전거는 탈 없이 오래도록 달릴 수 있었다고 생각한다. 때로 앞자리에서 학회의 유형의 재산을 지키는 데 집중하면 뒷자리에서는 무형의 재산도 소중함을 일깨워주었으며 서두를 때에는 늦추어주고 주저할 때에는 내닫게 하였다. 2년을 앞서 대학에 입학하였다는 인연 하나로 항상 나는 앞자리에 앉았으나 망설임 없이 나아갈 수 있었던 것은 든든

한 재욱의 뒷받침 덕분이었다.

2006년 2월 말, 정년을 앞두고 재욱은 한국 조선산업의 자랑스
러운 얼굴을 바르게 그려 조선공학에 뜻을 둔 젊은이에게 배포하
자는 계획에도 뜻을 같이하여 『한국의 배』의 집필위원으로 참여하
였다. 집필위원들과 함께 흘린 이 교수의 땀이 있었기에 책이 출간
되고 2006년도 우수과학기술도서로 선정되었으며 과학기술부 장
관으로부터 저술상을 수상하는 영예를 얻기도 하였다. 정년을 맞
으며 바퀴의 낡은 타이어는 수명이 다한 것으로 생각하였는데 재
욱의 적극적인 지원에 인하대학교 정석물류통상연구원의 연구교
수라는 새 일자리를 얻어 이 교수의 연구실 옆방을 차지하고 일하
게 되었다. 40년 가까이 된 낡은 자전거의 앞바퀴 타이어를 바꿔
끼운 셈이었다.

1960년대
1970년대
1980년대
1990년대
2000년대
2010년대

장석과 함께 맞은 태풍 글래디스

태풍에 휩싸이다

조선 분야의 산학연(産學硏) 공동연구를 위한 연구조합 설립 문제를 사전 협의하기 위하여 장석 소장과 함께 울산 현대중공업을 방문하였던 1991년 8월 22일의 일이다. 장석, 김정제 등과 밤늦도록 바둑을 두며 창밖을 여러 차례 내다보았으나 비는 수그러들지 않고 물로 장막을 드리운 것처럼 끊임없이 쏟아졌다. 서울을 떠나기 전에 태풍 글래디스가 북상 중이라는 것을 알고는 있었는데 그다지 대수롭지 않게 생각하였으므로 엄청난 비도 무심하게 넘겼다. 등잔 밑이 어둡다고 하지만 글래디스에 휩싸여 있는 동안 글래디스의 실상을 짐작도 못 하였다.

다음 날 오후에는 서울에서 또 다른 회의가 있어 23일 아침 다소 여유를 두고 길을 나섰다. 현대조선소에서 출발하여 현대자동차 앞에 이르렀을 무렵부터 도로가 정체되기 시작하였다. 울산에도 이제는 출퇴근 시간대에 교통체증이 심하다더니 정말이구나 하였을 뿐이었다. 그러나 체증의 원인이 차량 증가에 있는 것이 아니고 간밤의 폭우로 인한 침수라는 것을 곧 알게 되었다. 현대자동차 정문 앞에 이르러서는 더 이상의 전진이 불가능하다는 것을 확인하고 서울로 가는 다른 길을 이용하기로 하였다. 주전을 지나 해안도로로 정자를 경유한 후 무룡산을 넘어 울산비행장 쪽으로 빠져나가는 방법이었다. 정자에 이르러 무룡고개를 넘으려고 하니 초소에서 산사태로 길이 차단되었음을 알려주었다.

태풍의 실상을 모르고 있었기에 해안도로를 따라 좀 더 북상하여 경주로 나아가는 길을 생각하였다. 감포 방면으로 북상하다가 경주 방면으로 가는 길로 접어들어 양북에 이르니 다시금 초소에서 차를 세우고 산사태로 도로를 통과할 수 없음을 알려왔다. 초소에 사정을 물으니 갈 수 있는 도로는 울산과 포항 방면뿐이라고 설명하였다. 포항으로 가기 위하여 고속도로에 올라서려면 상당한 구간을 돌아야 하였지만 전망이 확실하지 않았다. 지나오긴 하였으나 현대자동차 앞이 곧 정상 회복이 가능하다고 생각되어 차를 되돌리기로 하였다. 기다리지 못하고 성급하게 다른 길을 찾을 것을 주장하였다가 다시 돌아가게 되어 몹시 부끄럽고 후회스럽기도 하였다.

출발지로 돌아와서야 아침에 모르고 지나쳤던 울산의 수해 상황이 눈에 들어왔다. 태화강은 범람 위기를 맞고 있으며 울산 방면으로 더 이상의 진출은 사실상 불가능하다는 것을 알기까지 다시 상당한 시간이 지나야 하였다. 비교적 높은 위치에 있으면서도 배수 능력이 모자라 조선소 정문 앞의 현대백화점이 침수되었는가 하면 출고를 기다리던 자동차들이 수없이 물에 잠기는 등 막대한 피해 상황에 놀랄 수밖에 없었다. 늦은 시간에 점심을 먹으며 울산에서 길이 뚫릴 때를 기다리는 것과 갈 수 있는 길을 찾아보는 두 가지 방법을 생각하였다. 기다리는 것은 할 수 있는 일을 하지 않는 것과 같다는 장석 소장의 말씀에 따라 가다가 못 가면 되돌아오더라도 포항 방면으로 가보는 적극적 방법을 택하기로 하였다. 나중에 안 일이지만 글래디스에 휩싸여 글래디스의 진로를 따르는 결정을 내린 것이었다.

험로를 달리다

비록 늦기는 하였으나 점심 식사를 마치니 힘이 솟았다. 아침 내내 다니던 해안도로를 따라 정자에 이르렀는데 도로 차단을 알려주던 초소가 비어 있었다. 무룡산을 넘을 수 있는 길이 뚫린 것은 아닐까 하여 산길로 접어드니 중장비들이 수해 복구 작업을 하고 있었다. 15킬로미터 구간의 산길 중 막바지 구간에 이르자 곳곳에 산사태가 일어나 있었고 일부 구간에서는 새로운 산사태가 일어날 조짐이 보이고 있었다. 여러 곳의 도로가 대부분 흙과 돌 그리고 나뭇등걸 등으로 덮여 있어 차량 통행은 불가능해 보였다. 전차륜 구동방식의 차량일지라도 운전자가 험로에서 이루어지는 자동차경주에 참여하였을 때의 용기를 내야 하는 상황이었다. 다행히 앞서 있던 대형차의 전진에 힘을 얻어 몇 개의 사태 지역을 통과하였는데 최종 구간에 이르러서는 건설용 중장비로도 지나갈 수 없는 장애를 만났다.

허탈한 상황이었으나 도로 위에 갇히는 신세가 되기 전에 또다시 길을 돌리기로 하였다. 정자로 되돌아온 후 감포를 거쳐 포항 방면으로 북상하는 길을 택하였다. 내심 걱정스러웠던 점은 청수폭포로부터 흘러내리는 하천이 범람하거나 제방이 유실되지 않았을까 하는 것이었다. 뜻밖에도 하천제방은 이때까지 넘실거리는 물을 지탱하여주어 감포를 지나 해안도로로 계속 북상할 수 있었다. 이어지는 동해안 해안도로의 아름다움은 휴가 기간 중이라면 한없이 즐길 수 있는 것이었으나 비바람이 계속되고 있고 콜레라의 발생으로 피서객이 끊어져서 을씨년스럽게 느껴졌다. 다음 날 마음의 여유를 가지고 이곳을 찾는다면 지금과 같이 생각할 수 있을 것인가?

오포라는 해안마을을 지나니 산사태로 매몰된 도로가 나타났다. 공무원 복장의 사람들이 도로 위 장애물을 장비 없이 손으로 치우고 있었는데 이들이 갑자기 일손을 멈추고 뛰듯이 나오자 뒤이어 상대편에 있던 두 대의 승용차가 화급히 길을 넘어왔다. 이것을 보고 길이 트였다고 생각하여 장석의 지휘를 받아 출발하였다. 길을 치우던 이들이 제지하는 손짓을, 가도 좋다는 뜻으로 우리 마음대로 해석하였던 것이다. 뒤따르던 승용차도 거의 동시에 출발하였다. 불과 10여 미터 전진하였다고 생각될 무렵 뒤쪽으로 도로가 미끄러져 내리고 있음을 느꼈다. 바다를 향하여 무너져 내리는 아스팔트 도로 위로 차가 들어섰던 것이다. 오르막을 달리던 차가 갑작스럽게 평지에 오른 듯 자세가 바로잡히자 위기를 벗어났다는 안도감에 전율이 온몸으로 퍼져왔다. 뒤를 돌아보니 뒤따르던 차가 턱걸이하듯 무너져 내리는 길로부터 빠져나오고 있는 것이 아닌가! 주 하나님께 감사의 기도가 마음속 깊은 곳에서 우러나왔다.

구룡포 입구를 지나 포항 방면으로 접어들자 수해 상황은 더욱 심각해 보였다. 도로의 부분유실이 반복하여 나타났으며 도로변의 전주가 밑동을 드러낸 채로 전선에 달려 있기도 하고 기울어진 전주 위의 변압기가 머리 위로 떨어질 듯 보이기도 하였다. 도구에 이르니 버스 정류장 근처부터 온 마을이 물에 잠겨 있었고 더 이상의 전진은 불가능하다는 것을 직감할 수 있었다. 이제는 이곳 어디엔가 머무는 것을 생각하는 것이 현명한 일이라고 판단하였다. 그러나 물에 잠기지 않은 숙소는 찾을 길이 없었다. 이곳에 이르는 동안 지나쳤던 몇 곳의 휴게소에 생각이 미치자 또다시 길을 돌려야 했다.

구룡포에서

구룡포에서 쉴 곳을 찾게 된 것은 울산을 떠난 지 12시간이 지나서였다. 우리를 맞은 여관의 주인은 계속 내리는 비를 쳐다보더니 오늘은 위층에서 쉬는 것이 안전하겠다며 방을 정해주었다. 정전된 구룡포를 돌아다니다가 부둣가에서 선원들을 상대로 하는 식당을 찾아내었고 가스램프의 운치를 즐기며 복어 매운탕에 소주를 곁들여 저녁 식사를 하였다. 식사 후 숙소로 돌아오려다가 하천 범람의 위험이 있으니 대비하라는 현지 소방관들의 방송을 듣고 이층에 방을 정해주던 여관 주인의 배려가 허구가 아님을 알게 되었다. 비로소 온종일을 도로 위에서 보냈으며 회의 참석이 불가능하게 되었다는 사실에 관하여 한두 차례 차 안에서 통화하였을 뿐 집에는 연락도 하지 못하였음을 깨달았다. 울산을 벗어난 지 얼마 뒤부터는 차량 전화도 불통이었다.

구룡포의 정전과 침수 소동으로 일반전화는 물론이고 무선전화의 중계도 불가능하였다. 갑작스러운 정전 사태는 수도 공급에도 영향을 주어 식당에서 음식 준비가 불가능하였기에 저녁 식사를 하는 것이 어려워졌으며 피로를 풀 수 있는 목욕물도 공급되지 않음을 알게 되었다. 밤이 깊도록 내리는 빗소리를 듣다가 잠이 들었는데 아침이 되어 창밖을 보니 비가 개고 있었다. 경찰서에 들러 피해 상황과 도로 사정을 알아보려 하였으나 경찰도 정보를 입수할 방법이 없음은 마찬가지였다. 버스 정류장에 가서야 대형 차량이 도구를 통과하였음을 알았고 아침 식사를 해결하기 위해서라도 구룡포를 떠나야 하였다.

새로운 기분으로 출발하여 주유소에 이르니 영업을 하는 곳이 없었다. 전날 종일 돌아다니면서도 주유를 하지 않았는데 정전으로 급유 펌프가 작동되지 않아 지하 탱크에 기름이 있어도 주유할 수 없다는 것이었다. 이제 차량의 운행이 어디까지 가능할는지 모른다는 새로운 근심이 생겼다. 포항까지는 갈 수 있으리라는 기대와 아침 식사도 해결하지 못하는 상태에서 구룡포에 머무는 것도 적합한 일이 아니라는 장석의 판단에 따라 수해에 시달린 도로로 다시금 나섰다.

물속의 포항

물이 빠지고 있는 길을 따라 포항에 접근하는 동안 간밤의 비가 어떠한 것이었는지를 일부나마 확인할 수 있었다. 포항제철과 강원산업 앞으로 이어지는 도로는 부분 침수 상태에 있었다. 형산교를 건너며 자연의 힘으로 그려놓은 최대 수위의 기록을 눈으로 확인하였다. 제방의 정상 가까운 곳에 상류로부터 흘러내린 각종 부유 물질이 제방에 흔적을 남겨놓은 것이었다. 우리에게 주어진 자연을 너무나도 더럽혀온 것은 아닌가 하는 생각과 함께 자연의 힘에 두려움을 느끼지 않을 수 없었다. 운 좋게도 자연이 경고만을 남기고 지나간 것으로 생각하였다.

주유소에서 바닥나 있던 탱크를 채우며 포항 시내의 통일로를 바라보았을 때에는 눈앞에 전개된 광경에 놀라지 않을 수 없었다. 갓길에는 주차된 상태에서 침수되었거나 운행 중 기관 정지로 기능을 상실한 차량이 늘어서 있었고 중앙선을 따라서는 도로 사정에 밝은 현지 차량이 물의 장막을 만들며 운행하고 있었다. 주유소에 들어오는 차량으로부터 정황을 알아보니 통일로 전 구간을 엔진 정지 없이 통과할 수 있다면 경주 방면 국도에 들어설 수 있다는 것이었다. 통일로를 지나오는 택시가 있음에 힘을 얻어 장석은 다시금 출발을 명하였으며 곧 통일로를 가로지르는 거대한 흐름 속에 들어섰음을 알게 되었다. 어딘가에서 제방을 넘은 물이 포항 전역을 가로지르고 그 흐름을 다시금 차로 가로지르고 있는 셈이었다. 다리를 건널 때 자연이 경고만을 남기고 지나갔다는 판단은 잘못된 것이었으며 지금 징계를 내리고 있는 것은 아닌가(?) 생각하였다.

몇 차례에 걸쳐 엔진 정지의 위기를 맞았음에도 무사히 통일로를 지나 경주 방면 도로에 들어섰다. 안강 방면의 수해 상황에 관한 구체적 정보는 모르고 있었으나 곧바로 더 이상의 전진이 불가능함을 알 수 있었고 영천 방면을 거쳐 대구로 빠지는 길로 방향을 바꾸는 것이 현명하다고 판단하였다. 상당 구간을 길을 거슬러 영천 방면 도로로 들어섰는데 이곳 역시 불통이었다. 이제 물에 잠겨 있는 포항을 벗어날 수 있는 길은 영덕 방면으로 나가는 길뿐이었다.

달전에서의 결심

포항을 벗어나 달전휴게소에 이르러 비로소 아침 식사를 해야겠다고 생각하였다. 이른 아침 구룡포를 떠났으나 열 시가 지나도록 식사를 챙길 만한 마음의 여유가 없었기 때문이었다. 휴게소도 정전으로 단수 상태라 식당은 문을 닫았는데 찾아보니 칼국수만이 공급되고 있었고 그것도 간밤에 준비하였던 국물이 떨어질 때까지만 가능하다고 하였다. 마지막 여섯 그릇 중에 네 그릇을 사서 일행이 식사하는 행운을 얻어 기쁘기 그지없었다.

식사 후 빗물로 세수를 하고 나자 누군가 차에 있던 지도를 가지고 나와 도로 사정을 물었다. 어느 틈엔가 휴게소의 테이블들은 운전자들의 작전 회의장으로 변하였다. 장석이 몇 곳의 작전회의에 참석하여 정보를 종합한 결과 영덕 경유 안동 방면 도로가 살아 있으리라는 가능성과 울진으로 올라가 길을 찾는 방법이 있으리라는 기대가 생겼다. 그러나 아무래도 불확실하니 멀지 않은 포항으로 되돌아가서 좀 더 확인한 후에 길을 정하기로 하였다.

포항 시내에서 경찰서, 영일군청, 신문사, 교통경찰 등 백방으로 수소문하였다. 경찰에서는 수해 상황에 관한 정보가 집계 정리되지 못하고 있었으며 군청에서는 군수가 수해로 출근을 못 하였기에 군의 항공기 지원을 받아 군수가 출근하는 대로 수해대책수립과 복구작업이 시작될 것이라 하였다. 신문사에서는 오히려 정보를 물어왔으며 교통경찰은 포항에 머물러야 할 것이니 숙소를 미리 정하여두라는 권유를 하였다. 장석은 '살아 있는 교통 정보원'들이 달전에 있으니 다시 달전휴게소로 돌아가서 최종 결심을 하자고 하였다.

달전에서는 여전히 곳곳의 테이블에서 작전회의가 활발하게 펼쳐지고 있었다. 몇몇 테이블에서 의견을 나누어보니 각자 최선을 다하는 것이 제일이라고 생각하게 되었다. 휴게소에 비상식량으로 쓸 만한 것은 과자 두 봉지와 깡통 커피 몇 개뿐이었으나 이를 사서 차에 실으니 다소 마음이 놓였다. 주유소에서 다시금 기름을 채우고 아들 나이쯤으로 보이는 대학생들과 함께 화이팅을 크게 외친 다음 길을 나섰다.

남으로 향하는 학생들이 길을 찾기를 기원하며 북상하는 길을 택하였다. 계속 북상하다 보면 태백산을 넘을 수 있는 길이 하나쯤은 남아 있으리라는 기대였다. 달전을 떠나 흥해를 지나니 크고 작은 냇물 곳곳이 수해로 할퀴어졌음을 알 수 있었다. 수해 복구보다는 탁류를 피하여 나온 고기를 잡는 데 관심을 둔 지역 주민들이 냇가를 메우고 있음은 매우 인상적이었다. 영덕을 지나 흘러내리는 오십천은 수해가 극심하였던 것으로 보였다.

수산제일교의 통과

영덕에 이르니 시외버스 정류장에는 순찰차가 안동 방면으로의 통행을 차단하고 있었다. 시간을 두고 오가는 차량으로부터 도로 사정을 살폈는데 영해에서 영양으로 넘는 산길이 아직 통행 가능할는지도 모른다고 하여 또다시 북상하였다. 차단된 도로를 해안가의 마을 도로를 이용하며 우회하기를 몇 차례 반복하고 나서야 영해에 이르렀다. 그곳의 택시회사에 모여 있는 운전기사들로부터 영양으로부터는 들어온 차가 없어 보고된 바는 없으나 통행할 수 없으리라는 말과 함께 울진 방면은 아직 통행이 가능할 것이라는 정보를 접하였다.

영해를 지나 초소에서 순찰차에 물으니 수산교가 무너져 울진 방면으로는 통행이 사실상 불가능하므로 포기하라고 하였다. 그러나 바로 전에 울진 방면으로는 통행이 가능하리라는 말을 들은 바 있고 길이 막히면 백암온천으로 되돌아와 쉬겠다는 장석의 결연한 말에 초소 순경은 막고 있던 길을 열어주었다. 길을 가면서 도로의 폭이 반쯤 떨어져나가 없어진 곳, 겉으로는 멀쩡하게 보이나 도로 밑이 유실되어 아스팔트만이 허공에 달린 곳 등을 보았다. 또한 까마득한 오래전의 일 같지만 실상은 어제의 일이었던, 무너지는 도로 위를 달릴 수 있었던 것도 아스팔트의 점성이 차 무게를 잠시나마 지탱하여주었기 때문이라는 것도 알게 되었다. 특이한 것은 산사태가 있었음에도 노면이 정상 수치보다 높아진 예를 볼 수 있었는데 장석은 아스팔트 밑이 유실된 후 산사태가 공간을 메우며 들어올린 것으로 관찰 결과를 설명하는 여유로움을 보였다.

점심은 평소보다 많이 늦어졌으나 콜레라로 인하여 오히려 내용이 푸짐하리라는 기대 속에 병곡휴게소에서 해물전골을 주문하였다. 식사 중에 설악산 관광을 마치고 남행 중이던 관광단을 만나 물으니 수산교의 통과 가능성이 아직은 남아 있다고 하였다. 평해에서는 영양으로 길이 있으리라 기대되었으나 울진에서 불영계곡을 지나는 길이 좀 더 평이하리라 생각되어 울진 방면으로 진행하였다. 걱정스럽게 생각되는 수산제일교를 향하여 가는 것이었다. 동해의 명승지 가운데 하나인 성류굴이나 망양정 등을 살필 마음의 여유도 갖지 못하고 북상하니 상행차선은 대형차로 정체되어 있었다. 장석의 지휘에 따라 불평 없이 운전하여준 연구소의 기사의 노고에 힘입어 수산교에 이르렀다.

다행스럽게도 수산교는 위기를 넘긴 듯 보였는데 사람의 도보 통행과 짐을 싣지 않은 차량의 통행이 제한적으로 허용되고 있었다. 불가의 답교놀이를 연상시키듯 많은 사람들이 통행 허가와 함께 다리를 건너기 시작하였다. 다리 밑은 아직 흐르는 물이 격류를 이루고 있었으나 오래도록 걱정하던 수산제일교를 승용차는 가볍다 하여 승차 통과가 허용되는 바로 그 시점에 다리에 도착하여 생각 외로 순조롭게 다리를 건널 수 있었다. 다리를 건너자마자 수없이 늘어선 대형 화물차들이 눈에 들어왔는데 이를 보고 글래디스가 산업에 간접적으로도 큰 피해를 주었음을 인식할 수 있었다.

동해 관망

행운의 수산교 통과는 커다란 기쁨이었으나 그것도 잠시, 불영계곡을 지나는 도로 역시 차단되었음을 알게 되었다. 이곳에는 원덕에서 태백으로 넘는 길과 강릉까지 북상하는 길이 있었다. 삼척 방면의 도로는 초당골 근처에서 침수로 차량 통행이 어렵다는 정보를 가지고 있던 터였으므로 원덕 방면이 실낱같은 기대감을 안겨주고 있었다. 그러나 '태백 방면 도로 유실'이라는, 길 가운데 임시로 세워진 안내문은 한 가닥의 희망을 앗아가는 듯하였다. 장석은 이제는 동해의 절경을 즐기는 마음을 갖는 것이 취할 수 있는 최선의 길이라 말하였고 방송에서는 편치 않은 마음을 위로하려는 듯 경쾌한 노랫소리가 흘러나왔다.

검봉산휴게소에서 잠시 휴식하며 공중전화로 전화를 하였는데 곧바로 서울이 나왔다. 이제 다시 문화권으로 되돌아오고 있는 것을 실감할 수 있었다. 아직도 비는 간간이 내리고 있었으나 마음의 근심은 씻은 듯 사라져버렸다. 차량에 있던 지도에 표시된, 비포장 구간이 남아 있는 몇 개의 도로에는 태백 방면이라는 도로 안내가 있으나 도로 차단을 알리는 표시는 없었다. 이제 가능하기만 하다면 계속 북상하여 고속도로를 이용하는 길이 가장 빠른 길이었다. 동해를 관망하는 마음으로 계속 북상하니 마지막 관문이 되리라던 침수 구역이 나타났다. 이미 여러 곳의 침수된 모습들을 보며 장석의 지휘를 따라 지나왔기에 큰 거리낌 없이 들어설 수 있었고 생각대로 어려움 없이 통과하였다.

삼척을 지나자 북평, 동해가 금세였고 동해 고속국도에 들어서니 서울이 지척인 듯하였다. 도로상의 휴게소에서 눈 아래 펼쳐지는 바다와 솔밭 그리고 강릉을 향하여 달리는 열차를 내려다보았는데 이 정경을 청전 이상범 선생께서 생전에 보셨더라면 또 하나의 명화를 남겼을 터이며 그림의 화제는 아마도 '동해관망'이 되었으리라! 강릉을 지나 대관령을 향하니 교통사고 처리를 위한 견인차들이 눈에 띄었다. 이제 더 북상하면 한계령이나 진부령을 이용해야 되는 것은 아닐까 잠시 근심하였으나 견인차들은 고속도로를 벗어나고 있었다.

넓은 나라

대관령휴게소에 이르러 일행과 함께 감자전과 도토리묵 그리고 커피로 힘을 돋우니 천 리 길도 내달을 듯하였다. 월정사 입구를 지나며 구름이 높아지는 것을 느끼고 이어서 맑은 냇물에 눈이 가는가 싶었는데 갑자기 저녁 햇살이 펼쳐졌다. 옥과 같은 푸른 하늘, 알맞은 비에 푸르름을 더해가는 산야(山野), 이 모든 것이 전혀 다른 세상에 이른 것 같았다. 차량에서는 전화 연락도 자유로이 이루어졌다. 우리나라는 참으로 넓은 나라인가 보다. 남녘에서 출발하여 하나의 산을 넘어서려 하고 있는데 벌써 삼십여 시간이 지났으니 말이다. 서울로 되돌아가면 해야 할 일들이 여러 가지 밀려 있으니 아마 할 일도 많은 나라이리라. 하지만 장석과 함께라면 자연의 위협도, 쌓이는 일거리도 걱정이 없을 듯하였다.

장석과 동행하면서 서로 의지하고 용기를 북돋아주며 끝까지 장석의 지휘에 따라주던 기사와 연구소 직원도 이때의 추억을 결코 잊지 못하리라 생각하기에 글에 담아 소개한다.

1960년대
1970년대
1980년대
1990년대
2000년대
2010년대

조선학의 큰 어른
황종흘 선생님을 기리며

송암(松巖) 황종흘(黃宗屹) 교수께서는 1945년 경복고등학교를 졸업하고 1946년 서울대학교 공과대학에 새로이 설립된 조선항공공학과에 입학하셨습니다. 조선항공공학과는 국가의 장래에 반드시 필요한 분야가 되리라는 믿음만 가지고 설립된 신설학과였습니다. 학과에는 정규 조선학 과정에서 교육 받은 교수진조차도 없었습니다. 오직 기계공학을 전공하고 전시에 일본군 잠수함 설계 관련 부서에서 경험을 쌓으신 김재근 교수조차도 1949년 3월에 부임하여 과목을 담당하게 된 실정이었습니다. 그와 같은 환경에서 선생님은 동기생들과 함께 선진국의 조선공학 관련 서적을 구하여 읽고 토론하고 깨우치는 어려움을 거치며 현대적 조선학에 입문하셨습니다. 1950년 5월 12일, 대학을 졸업하고 부산에 있던 대한조선공사에 입사하여 현지에 부임했을 때 6·25가 발발하여 전시 함정의 수리업무를 맡아 조선학의 실무를 익히셨습니다. 1950년 11월 3일, 대한조선공사에서 수습 기간이 끝나 정식 사원으로 받은 사령장은 당시 보조신분증 역할을 하였습니다. 선생님께서는 사령장을 작게 접어서 휴대하고 다니셨는데 낡아서 쪽으로 나누어지기까지 하였으나 60여 년이 지나도록 소중하게 간직하고 계셨습니다.

대한조선공사에 재직하는 동안 조선공학이 주요한 과학기술 분야로 인정받으려면 학술 단체를 결성해야 한다는 데 뜻을 두고 기술자들과 함께 1952년 11월, 대한조선공사에서 대한조선학회를 창립하는 실무를 맡으셨습니다. 취업 후 몇 년도 지나지 않은 젊은 나이였으나 연장자들의 사양으로 학회 창립총회에서 사회를 보았으며 이는 초대 이사로 활동하는 계기가 되었습니다. 모교에서는 이처럼 학문에 남다른 애정을 가지신 선생님을 대한조선공사에 근무하도록 두지 않고 대학으로 불러 1954년 7월 전임강사로 발령하였습니다. 한동안 휴대하고 다니셨을 것으로 생각되는, 붓글씨로 작성된 대학의 임명장은 공과대학의 역사 유물로 보존하는 것을 가족들께서 승낙하여주었습니다. 당시 서울대학교에서는 대학 교육 정상화를 촉진하기 위하여 '미네소타계획(Minnesota Project)'을 운영하고 있었습니다. 이 계획에 따라서 선생님께서는 1956년부터 MIT에서 1년간 연수하며 조선학의 현대적 교육체계에 접할 기회를 가지셨습니다.

이 무렵 선생님께서는 대입 준비 참고서를 발간하였는데 수익금의 상당 부분을 장학금으로 지급하면서도 이를 널리 알리려 하지 않으셨습니다. 저는 선생님께서 저술하신 참고서로 공부하여 1959년에 조선항공학과에 입학하였으며 4학년 과정에서 판각이론 강의를 선생님께 들은 바 있습니다. 학기 도중 선생님은 뇌수술을 받게 되어 후속 부분은 임상전 교수께 수강할 수밖에 없었습니다. 대학원 석사과정에 입학하였을 때에는 선생님께서 선박유체역학 분야의 강의를 담당하고 계셨습니다. 세 차례의 수술을 거쳐 머리뼈 일부를 인공 조직으로 교체하는 매우 힘든 과정을 견뎌내셨으며 수술 후유증이 있었음에도 새로운 분야를 개척하여 강좌를 개설하시는 것을 보았으나 당시에는 전공과목을 전환하는 일이 얼마나 어려운 결심인지를 알지 못하였습니다.

1964년 3월에는 박정희 대통령이 공과대학을 방문하여 교수 간담회에서의 의견을 받아들임으로써 공과대학에 대한 연구비 집중 지원이 이루어졌습니다. 당시에는 극히 일부의 학회만이 특별 연구비로 수행한 연구 결과를 발표할 수 있는 학술지를 발간하고 있었습니다. 선생님께서는 대한조선학회의 활동을 활성화하고 조선공학 분야의 연구 환경을 개선하는 수단으로 학회지 발간을 기획하셨습니다. 선생님께서는 원고의 확보, 편집, 교정, 인쇄 및 출판 비용의 마련에 이르는 전 분야를 담당하셨습니다. 특히 출판 비용 회수에 의문을 가지고 인쇄를 꺼리던 인쇄소에 본인이 출판한 도서의 인세를 담보로 지급보증을 서며 설득하시어 비로소 창간호를 발간할 수 있었습니다. 대학원 학생으로서 학회지 창간호의 발간을 돕던 일이 지금은 저에게 자랑스러운 추억으로 남아 있습니다.

산업체에 취업하여 근무하다 대학으로 돌아와 조교로 발령을 받았을 때 선생님께서는 서울대학교에서 교수가 되려면 조선공학의 필수 분야를 선정하고 독자적으로 개척하여 단시간 내에 해당 분야에서 독보적 존재가 되어야 한다는 가르침을 주셨습니다. 선생님께서 새로운 분야를 여시던 지난날을 보아왔기에 어떻게든 가르침을 따르려 노력하였습니다. 선생님께서는 1969년 '콜롬보계획'에 의거하여 동경대학교에서 1년간 연구 활동을 하면서 모토라 세이조[元良誠三], 이누이 다케오[乾崇夫] 교수 등과 돈독한 교분을 쌓으셨으며 귀국한 후에는 일본에서 여러 학자들을 초청하여 한일 선박유체역학 세미나를 개최하셨는데 이 회의는 실질적으로 국내에서 개최된 조선공학 분야 최초의 국제회의가 되었습니다.

선생님께서는 일본에서 연구 활동을 하시며 대학원 정상화를 이루어야만 대학의 정상적 발전을 이룩할 수 있을 것임을 확신하시고 서울대학교 종합화계획에 대학원과정 정상화 방안을 건의하여 반영시켰습니다. 서울대학교 대학원 박사과정은 1957년에 비로소 개설되었는데 정상적 과정을 거쳐 학위논문을 제출하는 정규 박사학위제도와 연구 경력을 가지고 박사학위 청구논문을 제출할 수 있는 구제(舊制) 박사학위제도를 동시에 운영하고 있었습니다. 선생님께서는 구제 박사학위제도를 1975년까지 한시적으로 운영하고 이후로는 폐지하는 박사학위제도 개선안을 발의하신 것이었습니다. 이 개선안이 운영됨에 따라 학위를 받지 못하였던 대부분의 교수들이 구제 박사학위제도가 존속하는 기간 중에 학위청구 논문을 제출하려 노력하였습니다. 이로 인해 대학의 연구 분위기가 진작되어 모든 분야에서 학문 발전의 시발점이 되었으며 대학원과정의 정상화가 촉진되는 길이 되었습니다. 뿐만 아니라 국내의 모든 대학에서도 뒤를 이어 발전이 이루어지는 계기가 되었습니다.

또한 대학의 캠퍼스 종합화계획에 대비하여 공과대학 조선공학과에서 교육과 연구용으로 사용할 선형시험수조의 기본계획을 이누이 교수의 자문을 받아 결정하셨으며 이를 공과대학 관악 캠퍼스 설계에 조선공학과의 핵심 실험시설로 반영하였습니다. 이누이 교수는 이때 결정한 선형시험수조의 치수를 일본 문부성의 대학설치기준에 조선공학교육을 위한 시설기준으로 반영하였기에 일본의 대학 시설 변화도 뒤따라 이루어지는 계기가 되었습니다. 시설과 계측장비를 확보하기 위하여 항공공학과의 조경국 교수와 협력하며 조선공학과의 선형시험수조와 항공공학과의 풍동시설을 일본정부가 추진하는 무상원조계획(JGG: Japanese Government Grant)의 대표 사업이 되도록 유도하여 국제적으로도 손색없는 핵심 계측장비를 마련할 수 있는 길을 여셨습니다.

다른 한편으로 선생님께서는 산업체와 협력관계를 강화하면서 국제선형시험수조회의에 한국을 대표하여 참여함으로써 선박유체역학 분야의 석학들과 교류를 활발히 하셨습니다. 우리나라의 조선 기술 발전을 촉진시키기 위하여 많은 학자들을 국내로 불러들여 대한조선학회에서 특별 강연회를 개최할 수 있도록 주선하셨습니다. 선생님께서는 대한조선학회의 회장으로 1975년까지 재임하며 우리나라의 조선 기술을 세계에 알리는 데 힘을 기울이셨습니다. 1976년에는 선형시험수조연구회를 조직하여 우리나라의 젊은 선박유체역학 연구자가 국제선형시험수조회의에서 기술위원회의 위원으로 활동할 수 있는 기회를 확대하였을 뿐 아니라 대학으로부터의 참석자에게는 여비의 상당 부분을 지원할 수 있는 제도적 장치를 마련하고 안정적인 재정을 확보하여주셨습니다. 1978년에는 대한조선학회 산하에 선박유체역학연구회를 조직하여 연구자가 미완의 결과를 가지고 진지하게 토론하여 연구 방향을 가다듬는 것을 목적으로 연구회 활동을 시작하였습니다. 이를 계기로 대한조선학회에는 전문 분야별로 다수의 연구회가 순차적으로 결성되는 계기가 되었습니다.

1982년 '과학의 날'에는 조선 기술을 발전시킨 선생님의 공적이 인정되어 국민훈장목련장을 받으셨습니다. 그리고 1983년에는 선생님의 노력으로 전 세계 조선 기술자와 학자들이 참가하는 실제적 선박 설계에 관한 국제회의(PRADS)를 한일 양국이 공동으로 조직하여 개최하였으며 선생님께서는 한국을 대표하는 공동조직위원장으로서 회의를 성공적으로 이끄셨습니다. 이 회의는 한국의 활발한 조선산업의 발전상을 전 세계에 알리는 계기가 되었으며 이제는 조선공학 분야에서 가장 영향력 있는 국제회의로 자리 잡았습니다. 그 외에도 뒤를 이어 조선 분야의 대표적 국제회의인 국제선형시험수조회의(International Towing Tank Conference: ITTC), 국제선박 및 해양구조물회의(International Ship and Offshore Structure Congress: ISSC)에서도 적극적으로 참여의 폭을 넓히도록 하는 데 힘을 기울이셨습니다.

선생님께서는 대학이나 학회의 발전을 생각하면서 후진을 강력하게 이끌어주시면서도 마음에서 우러나 따르도록 하였습니다. 제자들은 이러한 선생님을 이란의 '호메이니 옹'에 견주어 '황 메이니'라는 애칭으로 부르기도 하였습니다. 선생님께서는 40년 이상을 서울대학교에서 근속하시고 1993년 8월 31일 정년으로 퇴임하셨습니다. 퇴임 후 선생님에 대한 사랑이 있었기에 제자들의 발의와 선생님의 호응으로 대한조선학회에 선생님의 아호를 붙인 '송암상(松巖賞)'을 제정할 수 있었으며 젊은 선박유체역학 연구자들이 가장 영예롭게 생각하는 상으로 자리 잡게 되었습니다.

선생님께서는 정년으로 교단에서는 떠나셨으나 학술 연구 활동은 멈추려 하지 않으셨습니다. 우선 특수 선박에 관심을 두어 삼성중공업의 기술고문으로 활동하면서 활주형 고속선(滑走形高速船), 공기부양형 고속선(空氣浮揚形高速船), 수중익형 고속선(水中翼型高速船), WIG선(Wing In Ground effect ship), 다동선체형 고속선(多胴船體形高速船) 등에 관한 방대한 기술 자료를 정리하셨습니다. 2000년에는 대한민국 학술원 회원으로 선임되었으며 일반인이 쉽게 접근할 수 없는 북한의 조선 기술 자료를 조사하여 정리한 자료를 〈대한민국학술원논문집〉과 〈대한조선학회지〉에 투고하셨을 뿐 아니라 선생님의 글은 일본어로 번역되어 〈일본조선학회지〉에 기사로 소개되기도 하였습니다. 이와 같이 후학들이 접하기 어려운 북한의 조선 기술의 면모를 쉽게 살필 수 있도록 하여주셨습니다. 또 해외의 학술지를 찾아보고 젊은 후학들이 놓칠 수 있는 자료들을 끊임없이 발굴하여 편히 접근하도록 하여주셨습니다.

선생님께서는 지난 연말까지도 명예교수 연구실에 출근하여 후학들이 참고하기를 바라며 기포 이용 선박저항감축 기법과 설계에 활용되는 정보시스템에 관한 기술동향을 조사하여 우리말로 옮기셨습니다. 늦은 귀가를 걱정한 가족들이 휴대전화 위치를 추적하여 퇴근 시간도 잊고 작업하시던 선생님을 확인하고 댁으로 모셔 가기까지 하였습니다. 애석하게도 선생님께서는 당일 과로로 다음 날 아침 단순한 감기 정도로 생각하고 평촌 한림대병원을 찾으셨는데 병환이 악화되어 바로 중환자실로 입원하는 결과가 되었습니다. 입원 후 순조롭게 회복되어 퇴원하셔서 댁에서 정양(靜養) 중인 가운데서도 연구실로 출근하셨습니다. 그러나 당일 출근이 다시금 과로의 원인이 되었으며 다음 날 새벽 병원으로 입원하는 결과가 되었습니다.

선생님의 자문을 받으며 편찬한 『조선기술』이라는 책자가 출간되었기에 2월 14일 병실로 찾아뵈었을 때 선생님께서는 책을 살피실 만큼 회복 단계에 있었습니다. 선생님께서는 퇴원하면 3월 한 달을 쉬고 4월부터는 출근하여 연구실에서 새로운 작업을 함께하기로 저와 약속하셨습니다. 3월 2일 해외출장에서 돌아와 며칠 만에 가족과 연결되었을 때, 선생님께서 2월 22일 서울대병원 중환자실로 옮기셨으나 다시 일반병실로 옮길 수 있을 것으로 전망된다는 말씀을 듣게 되었습니다. 그런데 뜻밖에도 3월 12일 아침 세상을 떠나심으로 약속하셨던 일을 함께하지 못하게 되었을 뿐 아니라 더 이상 선생님을 뵙고 가르침을 받을 수 없게 되어 안타까움을 금할 수가 없습니다.

조선 기술자들이 가볍게 읽도록 하기 위하여 번역에 착수하셨던 「윌리엄 후르드–의문 갖기를 소명으로 삼다」라는 〈영국조선학회지〉에 소개된 기사의 번역문이 2011년 말 간행된 〈대한조선학회지〉 48권 4호에 소개되었으며 번역문은 영국조선학회의 웹사이트에도 등재되었는데 이 글이 선생님의 손을 거친 마지막 원고가 되었습니다. 세 차례의 뇌수술, 40년이 넘는 당뇨, 담낭절제수술, 심장혈관우회수술, 수차의 백내장수술 등을 모두 극복하시는 선생님을 제자들은 불사신과 같다고 생각하였습니다. 심장수술 당시, 수술 전 검진 결과에 대한 의사의 소견에 따르면 선생님께서는 거의 대부분의 심혈관이 막힌 상태에서 믿기지 않게 활동을 지속하고 계셨다고 합니다.

정년 퇴임 후 18년간 역경 속에서도 학술 활동을 한결같이 이어오신 선생님을 제자들은 철인이라 믿었습니다. 또한 선생님께서 100세 장수자들의 건강 비결을 조사하고 정리하여 제자들에게 배포할 때에도 선생님은 장수하셔서 오래도록 선생님의 가르침을 받을 수 있으리라 생각하였습니다. 이제 책상머리에 작업을 마치지 못하고 남기신 수많은 자료들을 제자들은 받아볼 수 없게 된 것이 참으로 안타깝습니다. 선생님께서는 저희들을 위하여 마지막 순간까지 학문 활동에 도움이 될 자료를 준비하며 사랑을 베푸셨습니다. 선생님께서 이렇게 갑자기 떠나심에 제자들은 허전함을 표현할 길이 없습니다. 저희들도 선생님의 본을 받아 부끄럽지 않은 모습으로 살아갈 것을 다짐합니다.

2부

열정

熱情

1960년대

1970년대

1980년대

1990년대

2000년대

2010년대

등 뒤에 맺힌 땀방울

CR-39라는 물질을 처음 접하였던 것은 1964년 봄 대학원에 입학하였을 때이다. 겉보기에는 흔히 볼 수 있는 아크릴 판재와 같았는데 연구실에서 실험하던 선배가 귀금속을 다루듯 매우 조심스럽게 취급하며 시험용 모형으로 가공하는 것을 어깨 넘어 살피곤 하였다. 그해 늦가을부터 실험실에서는 대한석탄공사로부터 의뢰 받아 석탄 증산을 위하여 갱도의 형상을 개량하는 실험에 참여하였다. 크기가 300×400mm인 소재의 중앙에 갱도 모양의 구멍을 뚫어 하중을 걸었을 때 가장 큰 힘이 걸리는 위치를 찾아내고 하중이 집중되지 않도록 형상을 바꾸어가며 최적의 갱도형상을 찾는 실험이었다.

갱내로 드나드는 석탄운반차가 교행할 수 있도록 개선하기 위한 연구로 갱도형상을 20×20mm 정도로 축소하여 소재에 구멍을 뚫어야 하였으며 매우 높은 정밀도로 갱도형상을 가공하는 일이 내게 주어졌다. 어느 날 모형 가공 마지막 단계에서 치수가 허용한 도를 넘어섰기에 보고 드렸는데 임상전 교수와 공동연구원이었던 광산과 김동기 교수는 별다른 말씀 없이 새 재료를 내어주시며 다시 만들라고 하였다. 연구과제 수행 중에 틈이 날 때마다 과제와 별도로 석사학위논문 실험을 하고 있던 선배는 재료 가격이 300×300×6mm인 판재 1매에 100불이라며 가공에 실수한 것을 꾸짖지 않으신 것을 놀라워하였다.

선배의 말에 따르면 세관의 압류 물품을 매각하는 공매에서 일괄 인수한 물품 중에 있던 재료 3매를 가지고 손님이 찾아온 일이 있었으나 출장 중이던 교수님을 만나지 못하고 돌아갔다고 한다. 재료 3매는 CR39 제조자가 실험시설이 있는 기관에 사전 연락 없이 홍보용으로 제공한 것이었는데 이를 세관에서는 완구 제작용 플라스틱으로 분류하고 고율의 관세를 부과한 터였다. 세관은 고가의 물품을 잘못 매각하였다고 회수하였으며 후일 이를 소각처리 하였는데 뒤늦게 실험용 재료를 인수할 기회를 놓쳤다며 찾아온 손님을 만나지 못하였음을 몹시 아쉬워하셨기에 가격을 알았다고 하였다.

1964년 원-달러 환율이 225:1이었으므로 소재 1매의 가격은 당시 환율을 기준으로 22,500원인데 이는 당시 대학 졸업자의 한 달 급여에 해당하였다. 가격을 듣고 비로소 선배가 소중히 다루는 것을 소심하다고 생각한 것이 잘못임을 깨달았으며 이어서 나 또한 소심한 사람이 될 수밖에 없었다. 다음 해에 광탄성학 과목을 수강하며 비로소 CR-39는 강도가 매우 높고 탄성계수가 높으며 투명하고 균질한 재료로서 안경 소재로도 쓰인다는 것을 알았다. 그리고 전쟁 중에 개발된 신물질로서 원래 이름이 '콜롬비아 레진스 39(Colombia Resins 39)'이고 항공기의 경량화에 사용되는 재료라는 것도 알 수 있었다.

공릉동 캠퍼스의 1호관 2층 후면에 있던 실험실에서 광탄성학이라는 새로운 분야의 석사논문 실험을 할 때였다. 고가의 재료를 섬세하고 정밀하게 다루는 기술을 배웠는데 모형을 제작하여 실험장치에서 하중을 가하면 이론적으로는 설명하기 어려운, 모형의 내부에 발생하는 응력 상태를 가시적으로 살필 수 있어 신기한 마음이 들었다. 수학적으로 해결할 수 없는 문제를 실험적인 방법으로 조사하고 특히 실험장치에서 관측되는 응력 상태를 사진으로 촬영하고 현상하고 인화하는 기술까지 접하게 되었으니 대학원과정은 때로는 최고의 과학자가 된 듯 착각에 빠지게 하기에 충분하였다.

1965년 7월 초였는데 오후에 실험실을 찾을 외국 손님이 있으니 실험실 청소를 잘하고 대기하라는 명을 받았다. 광탄성 실험장치에는 전년도 말까지 실험하였던 갱도 모형 중 하나를 설치하여 필요할 때 실험 내용을 보이며 설명할 수 있도록 준비하라고 하였다. 찾아오는 손님은 미국 린든 존슨(Lyndon B. Johnson) 대통령의 과학기술 담당보좌관 도널드 호니그(Donald F. Hornig) 박사 일행이었다.

방문단은 박정희 대통령이 1965년 5월 미국을 방문하였을 때 존슨 대통령과 합의하여 설립하기로 한 공업기술 및 응용과학 연구소의 설립 타당성을 조사하기 위하여 한국의 실정을 조사하러 나온 인사들이었다.

실험실을 깨끗이 정돈하고 설레는 마음으로 일행의 방문을 기다렸는데 당시 학장이셨던 이량 교수의 안내로 방문단이 예상하였던 것보다 이른 시간에 갑작스럽게 실험실로 들어섰다. 호니그 박사 내외와 7~8명의 방문단 그리고 원로교수들이 함께하였다. 순간 지도교수가 자리에 없다는 것을 깨닫고 당황하였으나 강의 중이라며 둘러대었다. 이량 학장께서 실험실을 설명할 수 있겠느냐 물으셨는데 설명할 수 있다고 답하였다. 학장께서 담당교수가 강의 중이어서 담당조교가 설명하게 되었다고 내빈들께 말씀하시는 것을 들으며 비로소 통역 없이 내가 직접 영어로 실험 내용을 설명해야 하는 것을 깨달았다.

원문으로 광탄성학 교과서를 읽었으며 상당 시간 동안 모형을 제작하고 실험에 직접 참여하였기에 모든 내용을 잘 알고 있었다. 그러나 예상하지 못한 상황에서 전혀 준비 없이 실험 내용을 짧은 시간 안에 논리적으로 설명한다는 것은 불가능하였다. 서툰 영어로 실험실이 광탄성학 실험실이라는 것과 광산의 갱도형상을 모형으로 만들어 응력분포를 조사하며 최적의 갱도형상을 찾고 있다고 설명하였다. 아마도 1~2분 정도의 시간이 소요되었을 터인데 20~30분의 시간처럼 느껴졌다. 방문단이 실험실을 떠나는 순간 등 뒤에 맺힌 땀방울이 흘러내리던 느낌이 지금도 생생하다.

뒤늦게 신문기사를 통하여 방문단에는 호니그 박사 내외와 벨 연구소의 제임스 피스크(James B. Fisk) 소장. 배텔기념연구소의 버트럼 토머스(Bertram D. Thomas) 소장, 록펠러재단의 앨버트 모스먼(Albert Moseman) 박사 등이 포함되어 있었다는 것을 확인하였다. 이 조사단은 공과대학 방문 후 원자력연구소와 금속연료종합연구소를 방문하였는데 아마도 세 기관이 연구소의 모태가 될 수 있다고 생각하고 방문하였을 것이다. 지금 생각해보면 이 일행이야말로 공과대학을 찾아온 외국 과학자들 중에는 가장 큰 영향력을 가진 방문객이었으나 내게 주어진 기회에 인상적인 설명을 할 수 없었음이 큰 아쉬움으로 남아 있다.

방문조사단은 기존의 기관을 모태로 삼기보다는 별도의 연구기관을 만들어야 한다고 판단하였으며 1966년 2월 박정희 대통령이 참석한 가운데 키스트(KIST)의 기공식이 홍릉에서 개최되었다. 만일 공과대학이 미리 준비하여 찾아온 기회에 적극적으로 대처하였더라면 키스트는 홍릉이 아니라 공릉동에 설치되었으리라 생각한다. 그렇게 되었다면 공릉동 캠퍼스에 많은 투자가 이루어졌을 것이고 공과대학은 관악산으로 이전하지 않았을 것이다. 개인적으로도 지금과는 다른 길을 가게 되었을 것이며 아마도 우리나라 과학기술의 발전도 지금과는 전혀 다른 모습이 되지 않았을까 상상해본다.

1960년대

1970년대

1980년대

1990년대

2000년대

2010년대

호리병 속의 학회지 창간호
- 첫 번째 이야기

연말연시를 지나며 책장에 꽂혀 있던 〈대한조선학회지〉 창간호를 펴드는 순간 잊고 있던 기억이 떠올랐다. 회상에 빠져들며 수많은 기억의 조각들을 짜 맞출 때마다 지난날 젊음의 순간들이 되살아나는 듯하였다. 호리병 속과 같은, 누구도 엿볼 수 없는 나만의 공간에 숨겨진 이야기들을 학회 회원들과 함께 나눌 수 있다면 되살아난 젊음의 순간을 머무르게 할 수 있으리라 생각하여 하나씩 소개하고자 한다.

조선학을 공부하겠다는 생각에 1959년 대학에 입학하였으니 2019년에 들며 어느새 조선학과 인연을 맺은 지 60년이 되었다. 학생으로 4·19를 지낸 후 재학 중 군에 입대하여 5·16이라는 격동기를 거치며 대학 생활을 하고 1964년 졸업하였다. 명색은 공과대학에서 조선공학을 이수한 공학사(工學士)였으나 전공자를 모집하는 산업체를 찾지 못하여 대학원 석사과정에 진학하였다. 입학 후 첫 학기가 시작되고 얼마 지나지 않아 지도교수께서 대한조선학회에 가입하라 하시어 입회원서를 제출하고 마치 학자가 된 듯이 으쓱하였던 55년 전을 지금도 생생하게 기억한다.

학회 회원으로 정식 가입승인도 이루어지지 않은 1964년 6월 하순이었는데 임상전 교수께서 조선학회 관련 서류를 상공부 조선과를 찾아가 받아 오라고 명하셨다. 지금의 광화문 교보문고 자리에 있던, 4층으로 기억하는 건물에 상공부가 있었으며 2층에 조선과가 있었다. 사무실로 들어서서 오른쪽 중앙에 있던 구자영 계장을 찾아뵙고 대한조선학회와 관련된 서류철과 직인을 인계받았다. 학교로 돌아와 임상전 교수께 전달하며 학회 창립 시점부터의 주요 문건이며 직인 등은 사용에 따른 민형사상 책임이 인수자에 있다는 주의 사항도 전하였다.

두꺼운 흰색 표지에 검은색 철끈으로 묶인 서류철에는 붉은색 줄이 세로로 쳐 있는 양면 괘지에 만년필로 내려쓴 문건들이 다수 철하여져 있었다. 문건을 전달하면서 큰 짐을 덜었다고 생각하였는데 정작 일은 그때부터 시작이었다. 다음 주인 7월 3일에 학회 이사회가 있으니 참석해야 한다는 것이었다. 당시 서울역에서 남대문 쪽 세브란스병원 입구의 좌측 빌딩 2층에 있던 한국선급 사무실에서 제11회 이사회가 개최되었고 나의 입회가 승인되었다. 7월 10일에는 총무간사로 명을 받았는데 총무이사이신 임상전 교수를 돕는 한편으로 편집위원장이셨던 황종흘 교수를 도와드렸다.

　학회업무 전반을 담당하는 총무간사의 일과 업체를 찾아가 광고 문안을 받아다가 활판인쇄용 도안을 먹물 제도로 완성하여 승인을 받는 일, 원고를 출판사에 전달하고 교정지를 받아 오는 일 등이 주어졌다. 그리고 당연히 원고의 교정을 보아야 하였는데 학교에서 원효로에 있던 보진재출판사와 서대문 근처에 있던 동아출판사에 들려 교정지를 받아서 지금의 교남동 주민센터 근처에 있던 황종흘 교수 댁을 찾아 선생님과 함께 교정을 보았다. 기억에 남는 일은 국전 서예 부분의 심사위원장이셨던 시암(是菴) 배길기(裵吉基) 선생께 '大韓造船學會誌' 제호를 받으러 선생님의 직장이었던 동국대학교와 마포 전차 종점에서 서교동 방향에 있던 자택을 반복적으로 오가야만 하였던 일이다.

　시암 선생께서는 찾아뵐 때마다 아직 마음에 드는 글이 준비되지 않았다며 번번이 다음에 다시 오라고 일자를 정해주시곤 하였다. 결국 그해 11월 중순에 댁으로 찾아뵙고 출판 일정을 이상 더 늦출 수 없다고 말씀드리니 함께 고르자고 하시면서 오래도록 이어갈 '대한조선학회지'의 얼굴이 되어야 한다며 그동안 써놓았던 20×5cm 정도의 한지에 쓰인 제호들을 방바닥 가득히 펴놓으셨다. 수백 장 모두가 훌륭하였으나 서서 또는 무릎으로 다니며 하나씩 지적하시는 대로 제거하였다. 마지막 6장을 펴놓고 고심하다가 2장을 선정하셨는데 시간이 없어 할 수 없이 2장을 골랐다며 조계사 맞은편 인사동 입구에 있는 표구점에 가서 2장을 잘라 하나로 만들어 쓰라고 하셨다.

　다음 날 표구점을 찾았으나 표구점에서는 선생님의 글을 함부로 자를 수 없으니 반드시 선생님이 입회하여야 한다고 하였다. 며칠 후 선생님을 모시고 다시 표구점을 찾았는데 표구점 장인은 선생님 지시에 따라 떨리는 칼끝으로 '大韓造船學會誌'라 쓰인 7글자를 4글자와 3글자로 나누고 짝을 바꾸어 다시 하나로 모아 조선학회의 얼굴을 완성하였다. 이 일로 학회 창립일인 11월 9일 이전에 발간하려던 계획이 11월마저도 지키지 못하게 되었고 1964년 12월 5일에야 비로소 〈대한조선학회지〉 창간호가 발행되었다.

　어떻게 생각하면 인사동 입구의 표구점에서 시암 선생이 지켜보는 가운데 손을 바르르 떨던 장인의 조심스러운 마음가짐 때문에 생각지 못한 발간 지연이 일어난 셈이었다. 자세히 보면 글씨의 크기가 다른 듯 보이지만 누구도 인식하지 못한 상태로 55년이 지나도록 회원 모두에게 사랑받는 〈대한조선학회지〉의 얼굴이 된 것이다. 아마도 미인의 얼굴이 완벽한 대칭이 아니어도 아름답듯이 학회에 대한 김재근 회장의 바람과 황종흘 편집이사 그리고 임상전 총무이사를 비롯한 관계자 여러분의 정성과 혼이 시암 배길기 선생께서 쓰신 大韓造船學會誌 제호에 녹아 있기 때문이라 생각한다. 세월이 바뀌며 제호는 한글로 바뀌었으나 작은 글씨로 학회의 로고와 함께 표지에 사용되고 있으므로 앞으로도 학회지의 얼굴을 더욱 빛나게 하는 매력의 점으로 오래도록 사랑받으리라 믿는다.

1960년대
1970년대
1980년대
1990년대
2000년대
2010년대

호리병 속의 학회지 창간호
- 두 번째 이야기

1964년 12월 5일에 발간된 학회지 창간호를 받아들었을 때 나는 몹시 흥분하였다. 비록 본문 38면의 작은 책자였지만 시암 배길기 선생께서 정성을 다하여 써주신 표지 첫 면의 제호부터 표지 뒷면의 마지막 글자까지 10번 이상 읽으며 바로잡아 책이 되어가는 전 과정을 경험하였기 때문이다. 이제 다시 학회지 창간호를 살피며 학회지 얼굴에 숨겨진 뜻을 새삼스럽게 느꼈기에 두 번째 호리병 기사로 정리하여 회원들과 함께 나누고자 한다.

학회지 발간 후 일주일쯤 지난 12월 중순에 임상전 총무이사께서 흰 봉투에 사례를 담아 따로 주시며 시암 선생께 학회지와 함께 전달하라 하셨다. 또한 댁으로 찾아뵈어야 할 터이니 과일을 사서 들고 가라며 별도로 돈을 주셨다. 학교에서 나와 경동시장에서

산 사과를 바구니에 담아 들고 선생님 댁을 찾았다. 시암 선생께서는 반가이 맞아들이며 학회지 제호부터 살피셨다. 그리고 표구점 기술자의 솜씨가 좋아 글을 나누어 붙였어도 눈에 띄지 않게 잘되었다며 그동안 걱정하였는데 마음이 놓인다고 하셨다.

날이 어두워지자 선생께서는 부인께 저녁을 준비하라시며 천천히 이야기 나누다 가라 하시기에 저녁까지 머물 수밖에 없었다. 선생께서는 마포 전차 종점에서도 좀 떨어진 한옥에 사셨는데 안방에서 다락으로 오르는 유난히 빛바랜 미닫이문을 가리키면서 민족대표 33인의 한 분이신 위창(葦滄) 오세창(吳世昌) 선생의 전서체로 쓰인 휘호가 남아 있어 집을 사셨으며 조용히 피어오르되 드높은 기개가 넘치듯이 느껴지는 구름 운(雲) 자에서 위창 선생을 더욱 흠모하게 된다고 하셨다. 휘호를 아끼느라 문은 도배도 하지 않으셨고 집을 구매하시며 흥정조차 하지 않으셨다고 하였다.

시암 선생 부인께서 저녁상을 들여오셔서 선생 내외와 부인의 친구까지 네 사람이 저녁을 함께하였다. 부인께서는 마포 전차 종점에서 배추밭 샛길로 십여 분을 걸어야 하여 눈비라도 오면 몹시 불편한 곳인데 휘호를 받으러 불평 없이 찾아준 것을 몹시 고맙게 생각한다고 하셨다. 저녁 식사 중 자연스럽게 신상을 묻는 말에 부산에 피난하여 중학교에 다니며 배에 관심을 두었으나 조선소 취업 기회가 없어 대학원에 진학하였다고 하였다. 배는 어떤 환경에서도 견디고 바로 서려 하는 특성이 있어서 반드시 밝은 미래가 있을 것이라는 임상전 교수의 말씀을 믿는다고 하였다.

시암 선생께서는 듣기만 하시더니 '大韓造船學會誌'라는 제호는 글자 수로는 7자에 지나지 않으나 중심에 있는 선(船) 자가 마음에 걸려 시간을 끌 수밖에 없었다고 하셨다. '船'자의 구성요소인 배 주(舟) 변이 들어가면 어딘가 거슬리고 흡족하지 않아 수없이 시도하다가 결국은 눈에 설어 보이지만 고전에 쓰인 글자를 찾아 쓰게 되었다는 말씀이었다. 大韓造船과 學會誌로 나누인 듯 보이나 실제로는 大韓造와 船學會誌가 모여서 大韓造船學會誌라 쓰인 학회지의 얼굴이 만들어진 것이다. 船이 중심이 되어 大韓造船이 있고 또 船이 중심이 되어 학문이 모이는 船學會誌가 된다는 뜻이 학회지 얼굴에 담긴 듯하였다.

大韓造船學會誌

당시 기억으로는 시암 선생을 소개하여주셨던 동국대 수학과의 이우한 교수께서 사례로 최소 자당 1,000원은 돼야 한다고 하셔서 7,000원을 준비하였었다. 저녁 식사 후 좀 더 말씀을 나누다 자리에서 일어설 때 학회의 사정을 짐작하는데 사례를 받는 것이 민망하다며 학회지에 제호가 오래도록 남게 되어 고마울 뿐이라는 말씀을 김재근 회장님께 전하라고 하셨다. 당시 창간호 1,000부를 발간한 후 출판비로 정산한 금액이 51,570원이었으니 적정한 사례라 생각하였다. 그러나 후일 집들이하는 친구 집을 찾으며 문패를 만들어 들고 갔는데 비용을 여섯 친구가 500원씩 부담하였음을 되새겨보면 선생께 크게 결례하였다고 생각하게 된다.

1960년대

1970년대

1980년대

1990년대

2000년대

2010년대

호리병 속의 학회지 창간호
- 세 번째 이야기

학회지 창간호를 발간하는 과정에서 25세의 젊은 회원이었던 당시에는 학회 탄생 이후에 있었던 크고 작은 일들이 축약된 기사들을 교정하며 반복적으로 살펴야 하였다. 그런데 시간이 지나면서 그때는 깨닫지 못하였던 학회지 창간 뒤에 감추어져 있던 모습들이 차츰 기억의 표면으로 떠오르기 시작하였다. 학회의 이사회 뒷자리에 서기로 참석하며 알게 된 창립과 관련한 뒷이야기와 학회지 창간의 계기가 된 알려지지 않았던 이야기들을 세 번째 호리병 기사로 정리하여 회원들에게 소개하고자 한다.

6·25전쟁으로 부산 피난 중이던 1952년 2월, 이승만 대통령은 과학기술총연합회를 창립하여 독자적인 조병(造兵) 기술을 진작시킬 수 있는 배경 조직으로 발전시키려 계획하였다. 당시 새로운 학

문 분야였던 조선공학은 기존의 학회 조직이 없어 과학기술연합회 창립에 참여하지 못하였다. 해무청의 황부길 청장은 다음 회의에 조선공학 분야도 참여하려면 학회 창설이 필요하다 생각하여 김재근 교수의 도움을 받아 1952년 11월 대한조선학회를 창립하고 초대 회장으로 취임하였다. 그러나 많은 사람이 독자적인 조병 기술 확보를 부정적으로 보았으며 이렇다 할 과학기술인들의 활동도 없었으므로 대한조선학회는 이사회조차 가지지 못하고 오래도록 활동이 정지되어 있었다.

학회지 창간호에 실린 회무 보고를 보면 1960년 6월 비로소 제2회 정기총회가 개최되었는데 이 총회가 황종흘이 회원들의 동의를 얻어 발의함으로써 이루어졌다는 것을 아는 회원이 거의 없었다. 이 총회에서 김재근 회장이 2대 회장으로 선임되었으며 김재근 회장은 1961년 조선공업 육성을 위한 건의서를 제출하는 등 발빠르게 학회 활동을 전개하면서 조선산업을 정상적으로 발전시키려고 노력하였다.

4·19로 시작된 학생운동은 1961년 여름, 학문 활동이 정체된 교수들을 배척하는 운동으로 변화하였고 이는 공과대학의 분위기 쇄신에 큰 영향을 주었다. 1961년 5월 군사정변으로 들어선 정부는 국가 재건이라는 기치를 내걸고 새로운 사회 건설에 힘썼다. 정부는 경제개발5개년계획을 1962년에 확정하여 발표하였는데 대한조선학회가 건의한 내용의 근간이 담겨 있었다. 공과대학은 스스로 발전 방향을 모색하며 1963년에 공과대학 확충 3개년 계획을 확정

하였고 박정희 대통령은 1964년 3월 20일에 공과대학을 방문하여 교수들과의 간담회 자리에서 국가 재건을 위한 대학의 역할을 당부하였다.

박정희 대통령은 침체 상태의 공과대학 연구 분위기를 개선하기 위하여 3개년에 걸쳐 공과대학에 한정하여 연구비를 집중적으로 지원하기로 하였다. 이때 대통령의 결단으로 연구비를 받은 교수들은 연구 활동에 매진하여야 하였고 연구 결과 발표의 장이 필요하였다. 자연스럽게 여러 학회가 앞다투어 학회지를 발간하여야 하였으며 대한조선학회도 학회지 발간을 촉진하여야 하였다. 대한조선학회로서는 학회지 발간을 소망하고 있었으나 학회지에 수록할 논문 확보에 어려움이 있었는데 공과대학에 대한 박 대통령의 특별 지원은 학회지 발간의 길을 열어준 셈이 되었다.

선체구조를 담당하던 황종흘 교수와 임상전 교수는 연구비를 집중 지원 받아 선급 규칙에 따른 격벽(隔壁) 판의 두께를 조사하여 공동으로 논문을 집필하였다. 또 선형에 관심을 두던 김극천 교수는 횡단면 형상이 브이(V)형이고 직선으로 이루어진 선형의 공작성과 저항 특성을 다룬 논문을 집필하여 학회지를 발간할 수 있는 논문이 확보되었다. 첫 번째 어려움이었던 논문은 마련되었으나 학회의 재정 형편을 확신할 수 없었던 출판사들은 학회로부터 인쇄비를 받을 수 없으리라고 판단하여 인쇄 요청을 하여도 좀처럼 응하지 않았다. 이 문제를 해결하기 위하여 학회지 편집을 맡은 황종흘 교수는 어려운 결심을 하였다.

황종흘 교수가 1950년대 후반에 집필한 입학 준비 수학 참고서가 당시 공과대학 입학의 필독서로 인정받고 있었는데 영역 침해라는 수학자들의 항의에 참고서 발행을 중지하고 1964년 6월 발간된 수학회의 회지 창간을 지원한 일이 있었다. 수학회 회지 창간을 도운 황종흘 교수는 1964년 9월까지 대한조선학회지를 발간하는 책임을 맡자 동아출판사에 본인이 저술한 수학 참고서의 인세를 담보로 제공하기로 약정하고 출판계약을 맺었다. 이에 학회 임원진들도 협심 노력하여 11만 원의 광고비 수입을 올렸는데 창간호 발간비 51,570원을 지급하였으니 2권 1호를 발간할 수 있는 재원까지 마련한 결과가 되었다.

학회지 본문 첫 면에는 김재근 학회장님의 사진이 아트지에 인쇄되어 실려 있는데 지금 다시 보아도 흠잡을 데 없이 인쇄 상태가 뛰어나다. 이 사진을 얻기 위하여 편집이사였던 황종흘 교수는 학회지 인쇄를 맡은 동아출판사가 아니라 보진재출판사에 별도로 발주하여 아트지에 세 번을 인쇄한 후 선정하여 사용하였다. 이제 오랜 시간이 지난 지금 〈대한조선학회지〉 창간호에 실린 학회장 김재근 선생님 사진을 보면 44세의 젊은 나이에도 중후하고 힘이 넘쳐흐름을 느낄 수 있다. 아마도 조선산업이 세계를 제패할 수 있었던 것도 이러한 선생님의 기운을 받았기 때문이리라 생각한다.

학회지 창간호를 준비하며 총무이사이셨던 임상전 교수의 지시를 받아 상공부 조선과에서 받아온 학회 서류철을 살펴 회원 명부를 작성하였다. 학회 임원들의 확인을 거쳐 최종적으로 회원을 정리하여 창간호에 수록하였는데 학회 회원 수는 학회지 발간 당시 102명이었다. 회원 명부는 가나다순으로 정리하여 나는 26번째 회원으로 수록되었으며 회원 번호순으로 보면 현재의 회원 중에는 10인 이내의 회원이 되었다. 흥미로운 것은 한국조선공업협동조합도 학회지 창간을 축하하며 조합회원사 명단을 수록하였는데 공교롭게도 대한조선학회의 회원 수와 같은 102개의 업체가 수록되어 있었다.

조선산업은 1960년대 초반까지 원양어선을 건조하는 정도의 수준이어서 대한조선공사에서 좌초된 대포리호를 인양하여 수리 개조하고 선저(船底)를 블록으로 제작하여 교체한 것이 큰 자랑이었다. 그런데 학회지 창간호에는 DW 2,600톤급 화물선인 신양호에 관한 설명이 6줄에 불과하지만 ABS(American Bureau of Shipping)선급을 획득하고 블록(block)공법을 적용하여 착공 후 14개월 만에 준공하였다고 보고하고 있다. 이 신양호의 건조는 우리나라에 현대적 조선산업이 싹을 틔우는 사건이었으며 학회지의 창간호에 실려 있어 학회의 활동과 산업 활동이 함께하고 있었음을 나타내고 있다.

신양호 관련 기사 이후에는 외국 학회 소개, 외국 조선조기(造船造機; 선박 또는 선박용 기계의 제작) 관계 주요 단체 일람과 본회 기사가 실려 있고 본회 기사는 회무 보고, 정관 세칙, 회원 동태, 투고 규정, 회원 명단 등으로 구성되어 있다. 마지막 표지 뒷면은 영문으로 작성하였는데 학회지 이름과 목차를 영문으로 표기하여 외국인도 내용을 짐작할 수 있도록 하였다. 1964년 12월 1,000부를 인쇄하여 발간하였고 당시 회원 수가 102명이었음을 생각하면 지나치게 많은 부수라 볼 수도 있으나 학회의 임원진 사이에 장차 학회의 발전에 비추어 1,000부는 최소한의 부수라는 무언의 합의가 있었다고 생각한다.

55년이 지난 현재까지 누구도 지적한 일이 없으나 영문 표지에 표기된 학회지의 이름이 지금과 다르다는 것을 알리고 싶다. 학회지 창간호의 영문 명칭은 'Journal of the Korean Society of Naval Architects'로 창간호 발간에 참여하였던 모든 분이 10차례 이상 살피며 제대로 표기되었다고 생각하였다. 하지만 다음 해 2권 1호를 발간할 때 명칭을 'Journal of the Society of Naval Architects of Korea'로 표기하는 것이 더 합리적이라는 황종흘 교수의 판단에 따라 바꾸었으며 현재에 이르고 있음을 밝히고자 한다.

1960년대

1970년대
1980년대
1990년대
2000년대
2010년대

잊힌 첫 설계

대학 졸업 후 1964년 대학원에 진학하였으나 대학원 석사과정을 마치도록 대한조선공사에서 신입 사원 모집을 계획하고 있지 않아 진로를 고민하고 있었다. 한 업체가 조선산업으로 진출할 계획을 가지고 있어 조선공학을 전공한 우수 인력이 필요하다며 접촉하여왔다. 정부가 매각하려는 대한조선공사를 인수하고자 전문 인력 확보 차원에서 인재를 찾고 있으며 취업하면 장차 대한조선공사 인수가 성사되었을 때 조선산업 부분에서 주요 역할을 하게 될 것이라 하였다.

업체는 강원도 철암에 있던 탄광회사였는데 생산하는 석탄을 모두 서울로 운반하여 망우리에서 19공탄으로 가공한 후 서울시 전역에 공급하고 있었다. 생산하는 석탄을 다른 회사의 석탄과 혼합하여 연소 시간을 오래가게 하는 작업이 주요 생산 공정이었다.

시중에 공급되는 연탄 중에는 가장 우수하다는 평을 받았으므로 판매는 현금거래로 이루어졌다. 현금 유동성이 우수한 업체였기에 정부는 국영기업체인 대한조선공사를 인수하더라도 충분히 감당할 재정적 능력이 있다고 판단하여 인수를 강력히 권유하였다.

탄광회사 취업은 생각하지 못한 것이었으나 유일한 조선회사인 대한조선공사에 인수 세력으로 참여하는 기회가 주어지리라는 점이 매력으로 작용하여 흔쾌히 제안을 받아들였다. 1966년 3월, 서대문에 있는 회사로 출근하였는데 설계실에 배치되어 설계 관련 문헌과 설계도면을 정리하는 것이 첫 번째 일이었다. 이미 설계된 도서 중 중요한 도서를 선정하여 먹물로 재작성하는 일도 하여야 하였다. 4월 중순쯤 되었을 때 설계실장이 따로 불러 망우리에 있는 연탄공장의 생산성을 10퍼센트 높여야 하니 연탄 제조 과정을 살피고 오라고 하였다.

산지에서 화차에 실려 들어오는 석탄의 하역 과정, 연소 시간 조정을 위한 석탄 혼합 과정과 운반 과정 등을 살펴보니 용량의 여유가 있어 보였다. 19공탄으로 성형하는 윤전기는 6개의 원통이 동심원상에 배치되어 있어서 3.33초마다 60도 회전하며 자리가 바뀌는 구조였다. 각각의 위치에서 분탄 공급, 계량, 압축, 천공, 발출, 이송 등의 작업이 이루어지도록 설계된 기계장치였다. 이 장치에서는 1분마다 원통이 18번 자리바꿈을 하여 분당 18개의 연탄을 만들어냈다. 생산성을 10퍼센트 높이려면 기계의 운전속도를 10퍼센트 증속하면 된다고 간단히 생각하였다.

조선공학을 공부하였다 하더라도 전공을 살려 취업하지 못하고 기계공장에 취업하게 될 수도 있으리라는 생각에 기계공학과에서 수강하였던 기계설계 교과서와 노트를 참고하며 생산량을 늘리는 방법을 찾기 시작하였다. 입사하면서 회사의 설계 자료를 정리하며 눈여겨보았던 설계편람 등을 살펴보니 통상의 설계에서 부하(負荷)에 여유를 두므로 10퍼센트의 과부하는 충분히 견딜 수 있으리라 판단하고 증속시키는 방법을 생각하였다. 결국 기계의 동력 전달 기구에서 기어의 이빨 수를 늘이고 줄이는 간단한 방법으로 비교적 손쉽게 속도를 높일 수 있어서 설계 계산서와 설계 도면을 제출하고 과제 완료를 보고하였다.

신입 사원에게 주어진 첫 번째 과제인데 회사의 생산성을 단숨에 10퍼센트 높일 수 있는 획기적 설계를 하였다고 자만하기도 하였다. 그런데 설계실장은 새로운 과제로 광산에서 사용하는 감속기를 설계하라는 두 번째 작업 지시만 내릴 뿐 아무런 말이 없었다. 아무래도 첫 설계이니 무엇인가 잘못된 것이 있어 이를 바로잡으라는 지시가 있을 것이라 지레짐작하였다. 시간이 지날수록 설계에 잘못은 없었는지, 무리한 가정을 사용하지는 않았는지, 선정한 재료는 적정하였는지 등의 의문이 꼬리를 물고 일어났고 불안한 마음에 적당한 이유로 설계가 채택되지 않기를 바랐다.

얼마 후, 주말이 가까운 때였는데 설계가 잘 되었다는 평을 받았으나 주말 내내 고민이 되었다. 그러다가 월요일 아침 출근하여 설계실장에게 나의 첫 번째 설계로 연탄 성형기를 개조하려면 선행하여 연탄의 입하부터 성형 출하 단계까지의 전 과정을 모두 10퍼센트씩 보강하여야 한다고 하였다. 하지만 실장은 최초에 현장에서 확인하였던 내용을 이미 파악하고 있어서 10퍼센트의 성능 향상 정도는 기존 시설로도 충분히 허용된다고 답하였다. 그런데 마지막 단계인 연탄을 차량에 적재하는 과정은 인력에 의존하고 있었으므로 10퍼센트 효율 향상은 불가능하다고 판단하여 시행 여부는 좀 더 검토하기로 하였다.

요즘도 연말이면 취약계층에 연탄을 전달하기 위하여 수많은 인원이 늘어서서 3.6킬로그램 정도인 연탄을 릴레이식으로 운반하는 행사를 종종 볼 수 있다. 연탄을 배송하려면 기계장치에서 쉼 없이 흘러나오는 연탄을 차량에 적재하여야 하는데 적재하지 못하여 컨베이어벨트 끝에서 떨어져 깨져서 자동으로 회수되는 수효가 적지 않았다. 체력에 자신이 있는 젊은이들도 취업하면 대체로 3주를 넘기지 못하는 힘든 노동이었기에 인원수를 늘리지 않으면 해결이 어려웠다. 컨베이어벨트에서 집어 올리는 연탄을 차 위에서 받아주어야 하므로 2인 1조로 작업해야 하나 공간 제약으로 증원도 불가능하였다.

인력에 의존하여야 하는 부분에 이르러 10퍼센트 생산성 향상이 실현되지 못하여 첫 설계 작품이 채택되지 않았어도 설계상 오류로 인한 보류가 아니어서 마음은 편하였다. 다른 한편으로는 첫 번째 설계 작품을 구현하지 못한 아쉬움도 남아 있었다. 회사에서 2년 남짓 지나도록 광산기계를 설계하였을 때에는 기계설계를 이해하는 눈이 조금은 넓어지며 첫 설계가 회사 내부에서 잊히게 된 것을 다행스럽게 생각하였다.

그런데 나로서는 시간이 주어졌더라도 도저히 생각할 수 없는 방법으로 생산성 향상이 이루어지기 시작하였다. 연탄의 구멍 수를 19개에서 22개로 바꾸어준 것이 그 요인이었다. 늘어난 구멍 용적만큼 석탄 사용량이 줄었으니 그만큼 생산성이 향상되었으며 기계장치를 개조하는 일도 매우 간단하였다. 연탄의 구멍 수는 점차 늘어 25개에 이르렀는데 연탄 규격과 더불어 연탄의 치수와 중량이 함께 지정되어 더 이상의 변화는 일어나지 않았다. 선박을 공부하고 수행한 첫 과제가 엉뚱하게 연탄기계설계로 기억되지 않아 다행이었다. 첫 설계는 잊힌 설계가 되었으나 문제를 해결하는 방법은 정해진 것이 없으며 생각을 거듭할수록 더 나은 방법을 발견할 수 있음을 깨달은 것은 큰 소득이었다.

1960년대

1970년대

1980년대

1990년대

2000년대

2010년대

한강의 마징가

임상전 교수의 연구실에서 추진하는 선박 설계 작업에 참여하였던 때의 일이다. 당시 설계 작업은 2차 세계대전 당시 노르망디 상륙작전에 투입된 바 있는 상륙용 주정(舟艇, 소형의 배) LCVP를 모사 설계하는 작업이었다. LCVP(landing craft for vehicle / personnel)는 차량이나 소대 규모의 병력을 상륙시키는 선박인데 미 해군에서는 이를 FRP(Fiberglass Reinforced Plastic)로 제조하여 사용하고 있었다. 실용화된 지 20년이 지났음에도 유리섬유와 플라스틱으로 선박을 설계하고 건조하는 기술은 국내에 알려져 있지 않은 사실상의 신기술이었으므로 참여자 모두가 흥분을 느낄 수 있었다.

1968년 1월 21일에는 북한의 특수부대원들이 청와대를 기습하는 사건이 발생하였고 이어서 1월 23일 미 해군의 정보수집함 푸에블로호(Pueblo號)가 북한에 나포되는 등 남북관계는 준전시 상태

94

라 할 수 있었다. 학교에서 LCVP의 개발에 참여한 것은 전쟁이 일어났을 때 교량만으로는 전략물자의 운송이나 시민 대피와 같은 대처 능력이 부족하다고 판단하여 한강 비상도강(非常渡江) 수단을 마련하기 위해서였다. 선박 설계 개발이 진행 중이던 1968년 10월에는 울진·삼척지구에 무장공비침투사건이 발생하였고 1969년 4월에는 미군의 정보기가 피격 추락하는 사건이 벌어졌다.

새로운 형식의 선박을 설계하였어도 일정한 공법을 개발하고 건조시설을 마련하여 실제 선박까지 만드는 데에는 많은 시간이 필요하였다. 당시 정세가 심각해지자 정부는 선박 배치가 시급하다고 판단하여 1970년대 초반에 새로이 설계한 선박이 아니라 종래의 방법대로 철판으로 선박을 건조하였다. 그리고 잠실 광나루, 한남진, 동작진, 노량진, 마포, 양화진과 같이 나루가 있던 지역에 차례로 비상도강 선박을 두고자 하였다.

전쟁 위험이 항상 존재하고 있었기에 1970년대에는 전 국민이 민방위훈련에 참여하여야 하였으며 대학에서는 교련 교육이 강화되어 있었다. 학생들의 사열식에 지도교수가 입회하여야 하였을 뿐 아니라 행군 훈련에는 지도교수와 학과장이 행군 대열을 따라가야만 하였다. 한강 연안에는 일정 간격으로 벙커가 구축되었고 교량과 인접하여 대공포 진지가 배치되었다. 주요 교차로에도 규모를 갖춘 벙커가 구축되었고 주택을 새로 지을 때에는 지하실을 만들어야 건축허가를 받을 수 있었다. 신축건물에는 최소한 1개월분의 식수를 비축할 수 있는 식수 탱크도 반드시 두어야 하였다. 영동대교로부터 중랑천과 나란하게 공릉동을 거쳐 수락산으로 이어지는 도로는 군 작전용으로서 중요성이 인정되어 군용차량의 엄폐물로 사용하기 좋은 버드나무를 가로수로 심었다. 또한 도로 연변에 짓는 모든 건물에는 시가전이 일어나는 경우를 대비하여 옥상이나 건물 상층부에 총안(銃眼)을 가진 장식을 의무적으로 설치하여야만 하였다.

한강의 몇 개 지점은 갈수기에는 수심이 얕아 어렵지 않게 걸어서 건너다닐 수 있었으나 장비나 병력이 쉽게 도강할 수 없도록 상류에 잠실수중보가 설치되었고 하류에는 신곡수중보가 설치되었다. 수중보의 북측 연안에 잇대어서는 수중보 상류와 하류를 연결할 수 있는 갑문식 운하를 설치하였다. 수도 방위를 고려하여 설치한 수중보 덕분에 한강은 지금의 아름다운 모습을 갖추었지만 역으로 도강 장비가 필요한 원인이 되었다. 이 때문에 영동대교 인근을 비롯한 몇 곳에 비상시 도강을 지원하기 위한 선착장이 건설되었으며 도강용으로 서둘러 건조한 철제 상륙용 주정이 선단(船團)을 이루며 배치되었다. 모처럼 선박설계업무에 조금이나마 참여하였으나 새로운 기술이 반영된 LCVP가 FRP가 아닌 철선으로 건조되어 배치된 것이 한편으로는 아쉬운 일이었다. 공개되지 않아 많은 사람들이 모르고 있었지만 한강 변에 배치되어 있던 LCVP들은 눈에 보이지 않게 시민 안전을 지키는 한 축을 담당하였다.

한강변에서 자리만 지키던 이 선박들은 88올림픽에서 개막식 첫머리에 잠실경기장으로 들어오는 선박으로 연출되면서 기억에 남는 역할을 하였다. 그러나 행사 과정에서 이 선박들이 이제는 15년 이상 지나며 노후화되어 수년 내에 교체가 필요한 것으로 판정되었다. 결국 선박의 관리책임을 가지고 있는 서울시는 새로운 선박으로 개체(改替)하는 계획을 세워야만 하였다. 15년 이상 계류되어 자리만 지켰을 뿐 특별한 일이 없었으므로 서울시의 담당자는 새로운 선박은 효율적으로 활용되는 선박으로 건조되어야 한다고 판단하였다. 서울시는 효율적 활용 방안을 유관기관에 공모하고 다양한 요구조건을 만족시킬 수 있는 선박 설계를 발주하였다.

한국해사기술이 조달청을 거쳐 발주된 새로운 선박의 설계를 수임하였는데 여러 기능을 동시에 충족시키는 선형을 설계하는 일은 거의 불가능하다고 결론지었다. 발주된 선박이 갖추어야 하는 주 기능은 상당수의 병력과 장비 또는 시민을 신속히 도강시키는 일인데 한강에서 조난당한 사람을 구하는 일에도 긴급 출동을 하여야 하였고 정박하여 부유물을 수거하는 청소작업도 담당하여야 하였다. 도강 효율을 높이기 위하여 한 척의 동력 선박이 3척 이상의 무동력 바지선(barge船, 밑바닥이 편평한 화물 운반선)을 담당하여야 하였다. 한 척의 바지선에 짐을 싣는 동안 이미 짐이 실린 다른 바지선을 예인하여 도강한 후 하역하게 하고 하역이 끝나면 바지선을 끌고 되돌아가서 다시금 운송할 짐을 싣는 것이다. 계획대로라면 한 척의 예인선이 여러 척의 바지선을 쳇바퀴 돌리듯 쉴 틈 없이 운용하여야 하였다. 그 외에도 연안 소방업무, 수질 조사업무, 고수부지 순찰업무, 홍수 후 연안 청소업무 등 수많은 업무를 담당하여야 하였다.

바지선과 합쳐 운용할 때에는 트레일러트럭의 역할을 하여야 하고 단독으로 신속하게 현장으로 출동할 때에는 순찰차와 같은 역할을 하여야 하였다. 때로는 인원을 수송하는 역할을 하여야 하는 공간을 쓰레기 수거 공간으로도 활용하여야 하는 배였다. 선형의 설계 과정에서 학과의 선형시험수조 실험실은 선형을 결정하는 일을 협력하여 왔으나 상충되는 기능이 많아 선형을 결정하기가 매우 어려웠다. 기능을 모두 충족하려면 그 기능들이 서로 최적 조건에서 벗어나야만 타협점을 찾을 수 있었다. 결과적으로, 수행하여야 할 수많은 기능이 모두 만족스럽지 못한 선형으로 결정되어야만 하였다. 사용하지 않고 계류하는 선박이 아니라 항상 쓸 수 있는 선박을 만들자는 서울시의 구상과는 달리 어떤 목적으로 사용하더라도 비효율적인 선박이 되는 것이었다.

선박은 높은 효율을 가져야 한다고 믿어 서울시의 담당자에게 여러 차례 계획의 부당함을 지적하였다. 한강관리사업소를 찾아 홍수기와 갈수기의 한강의 수심과 유속 등을 조사하였으며 수도권 방위를 담당하는 군부대의 지휘관을 만나 의견을 교환하였다. 모든 조건에서 최적이 아닌 배를 설계하여야 하는 현실을 관계자들이 사전에 인지하는 것이 필요하다고 판단하여 연석회의를 요청하였다. 서울시 부시장 주관의 관계자 회의에서 단순 기능을 가진 최적의 선형으로 분리하여 건조하는 것을 제안하였다. 복합 기능의 선박을 건조하면 모든 문제를 해결할 수 있는 것이 아니라 어떤 용도로든 비효율적인 선박을 설계하는 것이 되어 옳지 않으니 계획을 수정하여야 한다고 하였다.

그러나 회의에 참석한 관계자들은 각 기관이 관심을 두는 선박의 기능을 포기하지 않았으며 서울시는 계획 변경에 따른 예산 증가를 걱정하였다. 서울시 입장에서는 최초의 계획대로 선박이 건조되어야만 하였다. 나는 이 선박을, TV에서 인기를 끌며 장기간 방영되었던 만화영화 속 마징가 Z와 같이 '한강의 마징가'라고 부르고 있다.

'한강의 마징가'는 1992년 제출된 설계도서(設計圖書)에 따라 건조되어 취역(就役)하였고 얼마 지나지 않은 1994년 10월 21일 성수대교 붕괴 현장으로 출동하였다. '한강의 마징가'는 홍수기의 탁류를 헤치며 달릴 만큼 강력하게 설계되었지만 갈수기에 수심이 얕아지면 속도를 낮추어 운항하여야 함에도 현장으로 출동하는 선장은 서두를 수밖에 없다. 결국 수심이 얕은 현장으로 급히 접근하다가 강바닥의 자갈들이 추진기로 빨려 들어가며 추진기에 큰 손상을 입었다.

'한강의 마징가'는 추진기를 수리하고 재취역하였으나 건조 당시 의욕적으로 계획하였던 만큼 활발하게 사용되지 못하였다. 결국 비축물자로 분류되어 있는 '한강도강장비(예인선 10척, 바지선 18척)'는 또다시 제대로 활용되지 못하였으며 수명 20년에 다다르게 되었다. 윤활유 누출과 같은 공해 유발을 우려한 서울시는 2017년 3월 국민안전처에 공문을 보내어 노후한 한강도강장비를 비축물

자지정에서 해제할 것을 요청하였다. 결국 '한강의 마징가'는 한강에서 찾아볼 수 없게 되리라 생각하여 인터넷에서 포털사이트 지도의 항공사진으로 검색해보았다. 영동대교 인근의 선착장에 계류된 10척의 선박과 '뚝섬 관공선 선착장', '119 뚝섬 수난 구조대' 등에 보이는 선박들이 항공사진에 나와 있었는데 이들이 바로 분체(分體)되어 있는 '한강의 마징가'인 셈이다.

그러나 서울시가 비축물자해제를 요청한 선박들의 반은 항공사진에서 찾아볼 수 없음을 깨닫고 1972년부터 1974년까지 매주 「마징가 Z」가 방영될 당시 떠돌던 "여의도 국회의사당 돔을 개방하면 의사당 지하에 숨겨져 있는 마징가가 출동한다"는 괴담이 생각났다. 아마도 또 하나의 '한강의 마징가'는 여의도 어딘가에 숨겨져 있다고 상상해본다. 그리고 그 마징가는 1974년에 방영되던 모습으로 언젠가는 나타나기를 기대해본다.

1960년대
1970년대
1980년대
1990년대
2000년대
2010년대

공릉동 캠퍼스
1호관 301 호실의 회상

학교에 돌아온 지 6개월이 지난 1968년 11월 1일 비로소 유급조교로 발령 받았다. 발령 수속을 하며 비로소 알게 된 사실은 독일 정부 장학생의 조교 직은 유학 기간 중에도 유지하여야 한다는 독일정부의 외교적 요청으로 새로운 조교 자리의 확보 없이는 조교 발령을 할 수 없다는 것이었다. 많은 지망자가 있었으나 일부는 여름방학 중 다른 길을 모색하였고 남은 지망자들로도 경쟁이 심하여 학교에서는 출근 성적순으로 최종 발령자를 선정하였다. 첫 번째 순위로 학과의 실질적인 조교 업무를 담당하며 하루도 빠지지 않고 학교에 출근하였던 나에게 기회가 주어졌다.

공릉동 캠퍼스 1호관 현관 앞으로 통근 버스가 정차하곤 하였고 1호관 시계탑 아래 자리하였던 302호실에는 당시 교무행정을 총괄하던 최계근 교수의 연구실이 있었다. 최 교수는 통근차가 학교에 도착하기 전에 출근하여 차에서 내리는 조교 지망 후보자들의 출근 사항을 아무도 모르게 수개월간 점검하셨다. 그런 다음 발령 후보자의 순위를 결정하셨기에 지망자 중에서는 젊은 축에 들었던 내가 선정된 것이었다.

11월 초 발령을 받은 후에는 광탄성 실험을 통하여 층이 있는 선체 구조물이 인장하중을 받을 때 나타나는 응력집중현상을 조사하였으며 한쪽 변에 부분적인 전단응력(剪斷應力, 물체의 어떤 면이 가위로 자를 때처럼 서로 어긋나는 변형이 일어나는 것을 막아 원형을 지키려는 힘)이 주어지는, 부재(部材)에 작용하는 응력 상태를 '푸리에(Fourier) 해석'으로 조사하여 논문을 발표하였다. 1970년 1월에는 전임강사로 발령 받았으며 공과대학 조선공학과 교수로서의 길을 걷게 되었다. 전임강사로 발령 받았을 때 최초로 배정 받은 연구실이 1호관 301A 호실이었다.

당시에는 큰 교실을 301A, 301B, 301C로 칸막이하여 연구실로 사용하고 있었는데 이웃하여 이해경 교수, 이정한 교수, 최계근 교수 등의 연구실이 자리하고 있었다. 특히 이해경 교수의 연구실과는 쪽문으로 연결되어 있었고 세면기를 함께 사용하여야 하는 구조였다. 이 방에 자리 잡은 이후 용접공학이라는 새로운 학문 분야에 발을 들여놓고 강의 준비와 구제 박사제도에 따라 학위청구논문을 준비하느라 주말에도 방을 지키곤 하였다.

1973년 여름이었다고 기억하는데 학교 건물 내부를 도장하느라 교수실에 가구와 도서의 훼손을 막기 위한 전지 크기의 포장지가 배정되었다. 얼마 되지 않는 책을 보호하려 정성스레 덮어놓고 도장공이 와서 천정과 벽을 도장하기를 기다렸는데 옆방까지는 도장을 하였으나 내 방에는 도장공이 들어오지 않고 공사가 끝이 났다. 이유를 알아보니 교수실을 도장하는 계획에 전임강사는 법정 교수가 아니어서 도장 대상이 아니라는 것이었다.

이어서 다음번 도장 계획이 있다고 하여 기다렸으나 그 도장 계획은 교실이라고 하여 또다시 도장공이 전임강사인 내 방을 찾아올 까닭이 없었다. 혹시나 하여 전지로 가려놓은 서가를 불편하게 이용하며 도장 공사가 이루어지기를 기대하였으나 도장공은 내 방을 찾지 않았고 다시금 도장 공사는 종료되었다. 1호관에 두 사람의 전임강사가 있었는데 한 연구실은 착오로 도장이 되었고 유독 내 연구실을 도장할 때에는 원칙이 철저히 지켜졌다는 것도 알게 되었다.

얼마 후 3차 공사로 복도와 계단 그리고 화장실 등의 도장이 이루어졌다. 학기 중에 도장 공사를 하여 많은 부분이 일과 후에 이루어졌는데 늦게까지 연구실에 남아 있다 퇴근하곤 하였기에 도장공들이 도장 작업을 준비하는 것을 볼 수 있었다. 어느 날 화장실에서 물을 받아 페인트에 섞는 것을 보고 몹시 놀라 항의하였으나 학교의 도장 공사에 백색 수성페인트를 사용하고 있으며 물을 적정량 넣어야만 작업성이 얻어진다는 설명이었다.

결국 도장 공사는 끝나가고 더 이상 도장을 기다릴 수 없다고 판단하여 전지로 덮어놓은 서가를 개방하고 정리하였다. 대학이라는 곳이 물 몇 바가지만 더 넣으면 남아 있는 한 사람의 전임강사의 마음을 아프지 않게 할 수 있는데도 철저하게 원칙을 지켜야 하는 곳인가 보다 하며 마음을 다스리려 노력하였다. 화장실보다 순위가 떨어지는 전임강사실을 벗어나려면 더욱 열심히 노력하여 조교수로 빨리 승진하여야 한다 생각하고 연구 활동에 매진하기로 하였다.

다시금 한 주쯤 지났을 때 도장 공사를 확인하는 감독관과 도장 책임자의 방문이 있었는데 규정에 따른 지시와 충실한 시공이었음에도 건물 전체에서 유독 내 연구실만을 도장하지 않은 상태로 공사가 종결되었음을 알게 되었다. 뒤늦게 도장공이 찾아왔으나 도저히 수용할 수 없어 강력히 거부하였다. 하지만 추석을 앞두고 도장공들에게 임금을 줄 수 있도록 도와달라는 도장 책임자의 간청을 뿌리칠 수 없어 도장에 응하였다.

그해 겨울 조교수로 승진이 확정되었고 1호관 2층에 학과 교수들과 가까이 방을 얻어 연구실을 이전하고 봄을 맞게 되었다. 공과대학 공릉동 캠퍼스에서 전임강사로 발령 받았던 젊은 시절을 회상할 때면 비록 원칙에 벗어난 일일 수 있으나 관리자가 수성페인트에 물 한 바가지를 더 타도록 하였더라면 1호관 3층 301A 호실에서 보낸 26개월의 생활이 40년이 지난 지금까지도 이처럼 강한 기억으로 남아 있지는 않았을 것이라 생각한다.

1960년대
1970년대
1980년대
1990년대
2000년대
2010년대

가계부와 연구비

1970년대 중반 조교수 시절에 공릉동 공학캠퍼스에서 연구비를 수령하여 연구과제를 수행한 일이 있었다. 비록 소액이지만 처음으로 받은 연구비라 어떻게든 아껴 쓰며 보다 좋은 결과를 얻으려고 퇴근 시간도 늦추어가면서 연구실에서 시간을 보내던 그때가 가끔 즐거운 추억으로 떠오르곤 한다. 당시에는 저녁에 외부로 나가서 식사하는 데 소요되는 시간과 비용을 절약하는 것이 문제였다. 마침 연구실이 5호관의 중력식 선형시험수조(船型試驗水槽)가 있는 독립 건물에 있었는데 건물 내에는 다른 사용자가 없었다. 자연스럽게 대학원 학생들이 연구실에서 당번을 정하여 저녁 식사를 준비하는 것으로 비용과 시간을 절약하는 방안을 택하게 되었다. 이때 많은 학생과 남달리 가까워지고 발전하는 계기가 되었으며 적은 비용으로 비교적 좋은 연구 결과를 얻을 수 있었다.

얼마 후 학과 교수회의에서 학과의 행정업무를 담당하라는 결정이 내려져 연구과제를 수행하는 한편으로 학과장 직책을 담당하였다. 어느 날 학장실로부터 호출을 받아 학과에서 신청한 물품의 청구 내역을 설명하라는 명을 받았다. 품목을 일일이 설명하여야 하였는데 예컨대 학과에서 청색, 홍색, 흑색 볼펜을 2박스씩 신청한 것이 한 학기분으로 적정하냐는 질문을 받았다. 전체 72개라는 볼펜 숫자로 보면 많을 수 있으나 색상별로는 24개에 불과하고 학과의 행정직원 수, 교수 수 그리고 실험실 수와 조교 수 등을 생각하면 결코 많은 양이 아니라고 설명하였다. 설명이 받아들여져 물품을 구입할 수 있었으나 교수가 지급 받는 볼펜은 학생의 성적평가업무, 공문 기안 등의 학과업무에 사용하되 교안을 작성하는 업무에서는 교수 개개인이 준비한 문방구를 사용하여야 한다는 조건부 승인이었다.

시간이 지나면서 학과 실험실습비의 집행을 학장이 결재하는 과정에서 유독 조선공학과의 문건 검토에 많은 시간을 할애한다는 사실을 알았다. 얼마 지나 놀랍게도 행정부서에서 부적절한 연구비 집행자로 조선공학과 학과장인 나를 의심하여 학과 예산집행까지도 집중 점검하는 원인이 되고 있음을 알았다. 학생들과 연구실에서 저녁 식사를 함께 만들어 먹으며 예산을 절감하려고 노력하였고 그때 학생들이 시장에서 받아온 찬거리 영수증을 그대로 정산에 첨부하였는데 가계부에 적힐 만한 식재료로 이루어진 정산서가 의심을 산 것이었다.

몇 해 뒤인 1979년에 공과대학이 관악 캠퍼스로 이전함에 따라 모든 환경이 크게 바뀌었다. 새로운 건물에 연구실을 마련하고 이전과는 다른 연구 환경을 만들어가던 시기였다. 실험실에 정전압 유지장치가 필요하였으나 이를 마련할 수 있는 예산은 한정되어 있어서 제조회사와 가격 협상을 하였다. 제조자의 호의로 제품을 집행할 수 있는 예산 범위 내에서 우선 인수하고 연구 환경을 정비하였다. 한편으로 물품공급에 따르는 행정절차와 대금지급을 행정부서에 요청하였다.

그런데 상당 시간이 지나서 제조자가 대금을 받지 못하였음을 하소연하여왔다. 담당 부서에 확인하니 행정부서로서는 동종의 제품을 학교에서 많이 구입하였는데 파격적 할인가로 구입한 물품의 대금을 지급하면 선행 처리된 동종의 물품 가격 모두 적정성이 문제 되어 대금지급이 어렵다고 난색을 표하는 것이었다. 후일 제품을 납품한 회사에 확인하니 뒤늦게 정산을 받았는데 제조원가를 밑도는 할인가가 아니라 시중의 정상 판매가격으로 정산되었다고 하였다. 어떻게 부족한 예산이 마련되어 신청 금액보다 큰 금액이 지급될 수 있었는지는 아직도 알지 못하고 있다.

대학의 발전에 따라 서울대학교의 연구 환경은 눈부신 발전을 이룩하였다. 지난 2011년 10월 7일 명예교수 간담회 자료에 따르면 2010년 서울대학교의 연구비 수주 실적은 4,941억 원이며 교원 수는 2011년 현재 2,334명이어서 교수 1인당 2억 원 이상의 연구비가 쓰이는 것으로 나타났다. 행정직원은 1,012명이 근무하고 있는데 연구비의 집행을 돕기 위한 인원은 단순히 예산 규모만으로 판단하건대 200명 정도는 되리라 생각한다. 연구비 집행 지원인력 1인이 평균 20억 이상의 예산을 원활하게 운용하기 위하여 노력하고 있을 것으로 추측된다.

100만 원에 못 미치는 연구비를 받고 흥분하던 1970년대의 연구 환경은, 5개 과제에 공동연구원이 될 수 있고 2개 연구과제의 책임자가 될 수 있는 현재의 연구 환경으로 너무나도 다르게 변모되었다. 적은 연구비로 한 편의 논문을 발표하는 것이 몹시 자랑스러웠던 지난날에 비해 요즈음에는 상대적으로 풍요로운 예산 지원이 이루어지고 있으나 연구 결과가 부실하다는 지적이 심심치 않게 있는 것도 사실이다.

이미 대학에서 퇴직 후 수년이 지난 현시점에서는 감성적 판단 밖에 내릴 수 없으나 교수의 연구 활동을 지원하기 위한 대학의 행정절차가 연구비 집행에서의 효율보다는 부조리를 근절하는 데 초점을 맞추어 변화되고 있는 것은 아닌가 하는 생각이 든다. 아마도 예전처럼 가계부에 쓰일 영수증으로 연구비를 청구한다는 일은 원천적으로 불가능할 것이다. 비록 의심을 받기도 하였으나 심증만 가지고는 연구비 집행에 직접적인 제약을 가하지 않았던 1970년대의 연구 환경이 보다 더 교수의 판단을 존중하였다고 본다. 다행히 그때 수행한 연구 결과를 당시로서는 그리 흔하지 않게 국제회의에서 발표할 수 있었던 것은 지금도 자랑스럽게 생각하고 있다.

　다른 한편으로 현재 연구비 집행에서는 빈틈이 없을 만큼 철저한 관리가 이루어지고 있으나 본질적으로 가장 중요하게 판단하여야 할 연구 성과에서는 너그러움이 지나쳐 결과가 부실하다는 말이 나오고 있는 것은 아닐까 하는 의구심이 든다. 이제 연구비의 집행 절차와 회계 처리에 치우친 관리보다는 연구 성과에 대한 올바른 평가에 더욱 깊은 관심을 가져야 할 것이다. 지금처럼 연구비 집행 절차에 초점이 맞추어지는 것이 아닌, 연구 목표 달성에 좀 더 노력할 수 있는 환경이 조성된다면 서울대학교의 연구 활동이 민족의 장래를 더욱 윤택하게 할 수 있다고 믿기에 상호 신뢰를 전제로 효율적이고 합리적인 연구비 집행 방안을 함께 생각해 볼 것을 제안한다.

1960년대

1970년대

1980년대

1990년대

2000년대.

2010년대

빛바랜 수료증과 80통의 편지

얼마 전 오래된 파일을 뒤적이다 수료 일자가 1971년 7월 16일로 명기된 빛바랜 수료증 제34092호를 발견하였다. 아래쪽에 '우리는 음지에서 일하고 양지를 지향한다'라는 녹색 글귀가 들어 있는 중앙정보학교 제2기 대학교수반 수료증이었다. 그 순간 갑자기 한 장의 종이를 타고 시간을 거슬러, 조선공학과의 유급조교로 발령 대기 중이던 1968년으로 돌아가는 듯한 착각에 빠져들었다.

1968년 조선공학과는 같은 해 봄 학기에 신설되었기에 대학원 석사과정은 1971년에 비로소 개설되고 박사과정은 당연히 석사과정의 졸업생이 생기는 1973년에야 개설될 수 있었다. 1970년 겨울, 전임강사로 발령을 받았으나 대학에서 교수로 활동하려면 가능한 한 빠르게 박사학위를 취득하여야 하였고 그러려면 해외에서 학위를 취득하고 돌아와야만 하였다.

　운이 좋았던지 1971년 하계휴가 중 교육과정이 시작되는 제2기 대학교수과정의 수강생으로 이문동에 소재한 중앙정보학교에서 장기간 해외 체류 자격을 얻을 수 있는 3주간의 교육을 받을 수 있었다. 아침에 등교하여 오후 강의가 끝나기까지 여행의 절차, 태극기 이해하기, 서구문화와 품위 지키기, 해외 공관, 해외의 한국음식점, 해외교포와의 교류 등 광범위한 내용을 소화하여야 하였다. 또한 북측 인사를 만났을 때 발생할 수 있는 일들을 들으며 당시 풍문으로 듣던 '동백림사건'의 사례를 떠올리기도 하였다.

　그런데 교육을 받는 동안 구제 학위제도에 따른 학위청구 논문 제도가 1976년까지 존속한다는 사실을 알게 되었다. 그러지 않아도 담당하고 있던 용접공학 분야에서 박사학위를 취득할 수 있는 대학이 세계적으로 희소하여 고심하던 차라 논문 제출 자격을 살펴보았더니 나에게도 한 번의 논문 제출 기회가 주어져 있었다. 다른 한편으로 1973년에는 조선공학과에 박사과정이 개설될 예정이어서 박사과정에 입학하면 1976년에 학위를 취득할 수 있는 길이 열리리라 생각되었다.

　해외 유학을 택하며 마음에 두고 있던 전문 분야를 떠나 새로운 분야에서 학위를 취득할 것인가? 새로이 박사과정이 개설될 때 입학하여 과정을 마치고 학위를 취득할 것인가? 단 한 번 논문 제출 기회가 주어지는 구제 학위제도에 따라서 뜻을 두었던 용접 분야에서 학위청구논문을 제출할 것인가? 이 세 가지 길을 놓고 고심하다 졸업 여행을 인솔하였던 학생과 박사과정을 함께 이수하는 것이 마음에 걸려 마지막 방법인 구제 학위제도로 논문을 제출하기로 마음을 정하였다. 물론 애써 준비한 수료증은 쓸모가 없어지고 말았다.

배수진을 친 기분으로 학교 연구실에서 저녁을 해 먹으며 논문 준비에 심혈을 기울였다. 1975년 용접 과정 중에 소재 내부에 발생하는 온도 분포와 열응력이 시간에 따라서 어떻게 변화하는지를 이론적으로 해석하여 학위청구논문을 작성하였으며 용접 중 온도 분포를 실험적으로 계측하여 이론 해석 결과가 타당하다는 것을 입증하고 1976년 봄에 학위를 취득하였다. 이 시기에 공과대학은 관악 캠퍼스로 옮겨 가기 위하여 일본정부의 무상원조 자금으로 실험실들을 정비 이전하는 계획을 마련하고 있었다.

1976년 가을 학기에는 학과 실험실의 이전업무에 적극적으로 참여하여야 하였고 12월에 들어서는 '콜롬보계획'에 따라 일본 대학의 조선공학 관련 연구시설을 살피는 5인의 공대 교수 중 한 사람으로 선정되어 시설을 돌아보게 되었다. 장기 일본 출장을 앞두고 있을 때 선배 교수께서 찾아와 1970년대 초반 일본의 여러 대학에 체류하던 한국 교수들이 학술 행사에 참석하였다가 귀국 후 조총련과 접선 여부를 의심 받아 고생한 이야기를 소상히 설명하여주셨다. 갑작스러운 정보에 더하여 학위논문 준비로 잊고 있던, 1971년 여름 중앙정보학교에서 받은 교육 내용 그리고 동백림사건 후문 등의 여러 정보가 뒤섞이며 혼란스러움이 증폭되었다.

다섯 교수가 함께 떠났는데 비행기 좌석에 자리한 후 일본 체재 기간 동안의 상세한 내용을 일기 형식으로 기록하여 보관하여야 겠다고 생각하였다. 그러나 기록물을 잃어버리면 어쩌지 하는 걱정에 꾀를 낸 끝에 편지 형식으로 집에 보내어 보존하기로 마음을 정하였다.

동경에 도착한 후 일본 문부성이 지정한 호텔에 투숙하였는데 아침에 확인하여보니 창밖은 골프 연습장이었고 바로 옆에는 소련대사관 문화원 건물이 있었다. 해외에서 교육을 받은 다른 교수들과는 달리 나는 초임 전임강사로 최초의 해외여행이었음에도 첫 밤을 적성국가로 취급되던 소련대사관에 인접한 곳에서 지낸 것이었다. 그날 저녁부터 비행기 안에서 생각하였던 일기를 집사람 앞으로 보내는 편지 형식으로 쓰기 시작하였다.

매일 일기를 쓰며 어렵게 집으로 보내는 서신이 버려지지 않도록 마음을 담아 보내려고 노력하였다. 하지만 내용 중에는 "오늘 계측기 제작회사를 방문하였는데 연구소의 수준에 몹시 놀랐다", "아침에 실험실에서 실험 준비를 하다 장비가 손상되었는데 후속 처리가…" 등의 이야기가 들어 있었고 그것은 잊어버려서는 안 되는 내용이 될 수도 있으리라 생각하였다. 일본에서 처음 두 주간은 다섯 사람이 함께 다녔으나 세 번째 주부터는 각자의 전공 분야에서 활동하면서 여러 대학의 연구실을 순방하였다. 그런데 어느새 일본 교수들 사이에는 한국에서 온 젊은 교수가 매일 집으로 애틋한 편지를 보낸다고 소문이 나버렸다. 만나는 교수마다 가볍게 농을 걸어왔고 굳이 바로잡을 일도 아니어서 웃어넘기곤 하였다. 결국 일본 체류 92일 중 80통이 넘는 서신을 집으로 보낸 것이었다.

개강을 앞두고 주말에 귀국하여 월요일에 출근해서 연구실을 살피고 퇴근하였다. 때마침 집 대문 앞에서 등기우편물을 가지고 온 집배원을 만났다. 등기우편 수령인 난에 서명하는 나에게 집배원이 이상하다는 듯 월요일이면 일본에서 3~4통의 서신이 들어와야 하는데 어찌 된 일인지 서신이 한 통뿐이라며 귀국 전 일본에서 부친 편지를 손에 쥐어주었다. 내가 보낸 서신을 내가 받으며 감사하다고 웃음으로 답하였다.

뒤늦은 편지를 집사람이 받아들었으나 처리할 일들이 밀려 있어 바쁘게 생활하다 보니 서신이 어떻게 되었는지 확인을 못 하였다. 나중에 상당 기간이 지나 집을 이사하게 되었을 때 이삿짐 중에 눈에 익지 않은 작은 검은색 상자를 발견하였다. 무심코 열어보니 내가 보내고 내가 받은 마지막 편지가 제일 위쪽에 놓인 80여 통의 편지 다발이 들어 있었다.

그 후 다시금 35년이 지났는데 빛바랜 수료증을 발견하고 연상을 이어가다가 작은 검은색 상자에 생각이 멈추었다. 검은색 상자는 아직도 집사람이 물건을 모아두는 지하실 한 귀퉁이에 자리 잡고 있다. 이 상자 속 편지들이 사십 년 가까이 버려지지 않고 남아 있는 이유를 생각해본다. 집사람에게는 서툰 글재주로 쓴 투박한 일지처럼 보이는 글이지만 그 속에도 나의 마음이 담겨 있다고 믿었기 때문이라 생각된다. 감사할 뿐이다.

1960년대
1970년대
1980년대
1990년대
2000년대
2010년대

덕소에 불던 강바람

공과대학이 공릉동 캠퍼스에서 지금의 자리로 옮겨오기 전 관악 캠퍼스는 공학관 건축이 한창이던 시기였다. 학과 이전은 단순한 교육 기자재의 이사로 충분하였으나 실험실은 이전과 동시에 기능을 발휘하도록 해야 하였기에 준비 업무가 적지 않아서 가장 젊은 조교수였던 나에게 그 일을 맡기고자 학과장 발령을 내기로 학과 교수님들의 의견이 모아져 있었다.

학기말 시험이 끝나고 학과 실험실 이전을 준비하려면 성적 제출을 서둘러야 해서 모두가 힘들었던 터라 머리라도 식힐 필요가 있어 보였다. 생각 끝에 덕소의 유원지에 대한 풍문을 들은 것이 기억나 성적 제출 마감일 오후에 학과 교수님들 전부 덕소에 가서 강바람을 쏘이자고 제안하였다. 오래 가물어 비가 기다려지는 시기였기에 교수님들이 흔쾌히 동의해주셨다. 성적 제출을 마치고 다들 홀가분하고 조금은 들뜬 마음으로 미리 대기시켜놓았던 차편으로 덕소로 이동하였다.

강가에 있는 음식점을 물색하다가 강 가운데에서 배도 타고 강바람을 쏘이며 식사도 할 수 있다는 말에 모두가 크게 반가워하였다. 배에서 먹을 장어와 음료를 넉넉히 주문하자 종업원 둘이 주문한 소주와 맥주를 들고 앞장섰다. 음료를 들고 앞서가는 종업원들의 뒤를 따라 강가에서 햇빛 가리개가 쳐진 작은 배에 올랐다. 일행 여섯 사람과 나이 든 사공 그리고 조리를 맡을 종업원이 식탁 주위에 둘러앉으니 배 안이 가득 찬 느낌이었다. 강 가운데를 따라 오르내리는 동안 숯불에 장어가 익기 시작하자 모두 즐거워하였다.

흥취가 돌기 시작할 무렵, 근처를 지나던 배가 홀연히 다가왔는데 사공은 약속이나 한 듯 배를 옮겨 타더니 잠깐 다른 곳에 다녀오겠다고 말하였다. 강의 흐름도 거의 없고 주변에 여러 배들이 있어서 서로 연락이 닿으니 걱정하지 말라는 것이었다. 그때 뜻밖에도 김재근 교수께서 선선히 "댕겨오시라우!" 하는 바람에 꼼짝없이 사공 없는 배에 여덟 사람이 덩그러니 남겨졌다. 그야말로 우리는 바람 부는 대로 물 흐르는 대로 떠다니는 신세가 되었다.

'넓은 늪'이라는 뜻을 가진 '덕소(德沼)'라는 지명에 걸맞게 강은 넓었으며 갈수기여서 흐름도 거의 없어 보였다. 김재근 교수께서는 전에 없이 즐거운 표정이었으나 다른 교수님들은 내색은 하지 않아도 불안을 느끼는 듯한 분위기였다. 하지만 술이 명약, 모두들 가져간 소주와 맥주를 적지 않게 주거니 받거니 하면서 불안을 지우고 있었다. 그렇게 한참의 시간이 지나 강바람에 배가 상당히 흘러가자 조금은 걱정스러운 마음이 들었다. 그때 박종은 교수께서 일어서더니 어려서 배를 저어본 일이 있노라 하시며 배를 젓기 시작하셨다.

배를 원위치로 되돌려보려는 박 교수의 마음을 아는지 모르는지 배는 노를 저어도 저어도 그 자리에서 벗어나기 싫다는 듯 바로 나아가지 않고 한동안 뱃머리만 좌우로 흔들렸다. 그래도 박종은 교수의 땀 흘리신 보람이 있어 배가 조금씩 앞으로 나아가는 듯하자 한 분씩 배를 젓는 솜씨를 보이겠다며 나섰다. 그러나 배는 거의 제자리를 맴돌 뿐이었다. 노를 노걸이에서 반복적으로 떨어뜨리기만 하는 교수님이 있는가 하면 젓는 분의 뜻과 달리 배가 직선이 아닌 원을 그리게 만드는 교수님도 있었다. 김재근 교수는 아무 말씀 없이 미소를 머금은 채 바라보고만 계셨다.

그렇게 모두가 한 차례씩 노를 잡아보았다고 생각되었을 때 김재근 교수가 일어서서 노를 저어보겠다고 선미로 나가셨다. 왼손에 소주잔을 든 채 오른손으로 노의 손잡이를 잡더니 노를 겨드랑이 쪽에 붙이고 율동하듯 상체를 여유롭게 천천히 흔드시나 하였는데 놀랍게도 배가 직선으로 나아가는 것이 아닌가. 더욱 놀라운 것은 소주잔을 조금 기울이며 '두만강 푸른 물에~ 노 젓는 뱃사공' 하고 구성지게 노래를 부르시는데 배는 주인을 만난 적토마라도 된 듯 강물을 거슬러 힘차게 나아갔다.

김재근 교수는 경성제국대학교 기계과를 졸업하고 일본의 잠수함 설계팀에 근무하였으며 조선학을 독학하여 우리 대학교에 신설된 조선항공학과 최초로 조선학 교수가 되신 분이다. 신안에서 고려 시절의 유물선이 발견되자 발굴사업에 참여하며 고대 선박에 관심을 두셨던 것은 익히 알고 있었으나 선생님의 노 젓는 솜씨가 이미 달인의 경지에 이르렀음은 누구도 알지 못하였다. 모두 놀라워하는 한편으로 조선학을 전공하였으나 우리 전통 선박에 대해서는 잘 알고 있지 못하였음에 스스로 부끄러움을 느끼는 계기가 되었다.

전통 노의 형상은 어떤지, 어떤 원리로 추력을 얻는지, 추력을 발생시키는 최상의 조작 방법은 무엇인지 수많은 의문점이 이어지며 머리를 어지럽게 하였다. 다음 날 학교에서 졸업논문을 지도하던 학생들을 불러 여름방학에 귀향하면 한선(韓船)의 전통 노에 대하여 알아오도록 하였다. 이후 4년에 걸쳐 우리 배에서 사용하는 노를 조사하여 자료를 모았으나 이렇게 하여 얻어진 16개의 실측자료만 가지고는 오래도록 전해 내려온 노의 형상을 밝히기에 부족하였다.

비록 적은 수이지만 실측자료를 바탕으로 노의 모형을 제작하고 새로이 건설된 선형시험수조에서 우리 전통 노의 추력 발생 기구를 실험으로 조사하였다. 추력이 얻어지는 과정을 정리하고 1989년 학회지에 발표하여 관심을 불러일으켰으나 후속 연구로 우리 전통 노의 특질과 우수성을 파헤치지 못한 것이 연구자로서 몹시 아쉽고 부끄럽다. 다만 소득이라면 한국 전통 노의 추력 발생 기구 규명에 함께 참여하였던 임창규 군이 석사학위를 취득한 후 동경대학교의 장학생으로 유학하는 기회를 얻었다는 것이다.

정년 퇴임 후 햇수로 12년에 접어든 2016년 6월, 학기말이 가까워지면서 불현듯 39년 전 덕소에서 강바람을 쏘이던 일이 떠오른다. 함께 강바람을 즐기시던 김재근 교수님, 박종은 교수님, 임상전 교수님 그리고 황종흘 교수님이 차례로 세상을 떠나셨고 오로지 김극천 교수님이 생존해 계시니 세월이 무상할 뿐이다. 동경대학교에 유학하면서 박사학위를 취득한 임창규가 외국인이라는 불리함을 극복하고 조선공학교육을 담당하는 동경대학교 최초의 한국인 교수가 된 것도 덕소에서 불던 바람과 기이한 연이 아니었던가 생각해본다.

1960년대
1970년대
1980년대
1990년대
2000년대
2010년대

북극곰의 꿈

　서울대학교 종합화계획에 따라 공릉동에 있던 공과대학이 관악 캠퍼스로 이전을 준비하기 시작한 것은 1974년 가을쯤이라고 기억한다. 학과의 자랑이었던 공릉동 캠퍼스 5호관의 선형시험수조는 '미네소타계획'에 따라서 조선항공학과에 설치되었다. 이는 MIT의 아브코비츠(Abkowitz) 교수가 설계하였는데 모형선을 예인하며 저항을 계측함으로써 실선의 성능을 평가하는 모형시험시설이었다. 1962년 준공되었으며 한국을 대표하는 연구시설로 인정받아 국제기구인 국제선형시험수조회의(International Towing Tank Conference: ITTC)에 회원기관으로 정식 가입하고 있었다.

　황종흘 교수는 방문교수로 동경대학교에 1969년 4월부터 1년간 체류하였는데 구상선수(球狀船首, 선박의 흘수선 아래쪽 선수부에 혹 모양의 돌기를 붙여놓은 배의 앞머리)를 선박에 실용화하는 업적을 이룬 이

120

누이 다케오 교수의 조언을 받아 관악 캠퍼스에 설치할 새로운 선형시험수조의 기본 계획을 구상하였다. 황종흘 교수는 일본에서 귀국한 후 본부 교무처의 보직을 맡으면서 이 구상을 서울대학교 종합화 10개년 계획에 반영하였다. 선형시험수조 건설 계획은 순조롭게 추진되었으나 대규모 실험시설에 필요한 기자재는 그에 걸맞은 예산이 있어야만 하였으므로 예산 확보 문제가 큰 난제로 대두되었다.

'콜롬보계획'으로 일본을 다녀온 과학자들을 일본대사가 초청하는 자리가 있었는데 황종흘 교수와 항공과의 조경국 교수는 미국이 카이스트를 후원하고 있으며 영국은 울산대학교, 프랑스는 아주대학교를 후원하고 있다고 하였다. 독일정부는 지속해서 DAAD 장학금을 지원하고 있는데 일본으로서는 서울공대 특히 조선공학과나 항공학과와 같은 신생 학과를 중심으로 집중하여 지원하는 것을 생각해보라고 설득하였다. 두 분 교수의 설득이 결실을 보아 일본정부는 서울대학교 공과대학에 무상원조(JGG)를 제공하기로 하였으며 1974년 1월 조인하였다.

일본정부의 무상원조계획이 조인되는 과정에서 조선공학과의 선형시험수조와 항공공학과의 풍동이 대표적 시설로 취급되었다. 특히 1974년 선형시험수조에 설치할 예인전차(Towing Carriage)는 선형시험수조 건설 단계부터 함께 계획하여 주문 제작하는 핵심 장비였다. 이누이 교수의 조언을 받아 구상한 선형시험수조가 캠퍼스 계획에 포함되어 있었으므로 이를 근거로 조달청을 거쳐 국제

입찰로 예인전차를 발주하였다. 부산대학교는 서울대학교보다 먼저 대일청구권자금을 배정 받아 선형시험수조의 예인전차를 발주하였는데 이때 부산대학교에 납품한 실적이 있는 일본 제조업체에 낙찰되었다.

일본 업체는 예인전차 설계에 앞서 학과를 방문하여 수차례 협의를 한 후 1975년 봄부터 설계 진척도에 따라 완성된 도면 승인을 요청하여 왔다. 기계설계에 경험이 있었기에 예인전차와 계측장비의 설계도서(設計圖書) 검토를 담당하였는데 대부분 주문생산 제품이었으나 설계와 생산을 병행하여야 할 만큼 납기에 여유가 없어 도면에 오류가 있어도 제작하며 수정하는 방식이 불가피한 실정이었다. 시간에 쫓기며 작성한 도면을 보내왔기에 검토하여 많은 오류를 지적할 수 있었고 협의 과정 중 배경 기술을 이해하는 기회가 되었다. 하지만 뜻하지 않게 선형시험수조를 담당하여야만 되는 결과를 가져오기도 하였다.

1975년 조달 입찰 과정에서 탈락한 업자가 이의를 제기하여오자 윤천주 총장은 기획위원회를 소집하고 예인전차 선정 과정에 대한 학과의 소명을 요청하였다. 당시 학과장이셨던 황종흘 교수가 사전 지식 없이 회의에 참석하였는데 부산대학교의 예인전차 가격과 격차가 큰 이유를 설명하라는 요청을 받았다. 고혈압 소견이 있던 황 교수는 의혹을 받고 있다는 사실로 흥분한 상태에서 서울대 예인전차는 폭이 8미터이고 부산대 예인전차는 폭이 3미터여서 중량만으로도 8배 이상의 차이가 있고 성능도 차이가 크다고 설명한 후 자리에 앉으면서 코피를 흘렸는데 이는 회의에 참석하였던 기획위원들이 설명의 진정성을 받아들이는 계기가 되었다.

1976년 겨울방학 중 일본의 선형시험시설을 돌아보고 귀국하였고 1977년 초부터는 학과장 직을 맡아 관악 캠퍼스로 이전하는 업무를 준비하여야 하였다. 그런데 일본의 국회에서 장차 경쟁 상대가 될 것이 분명한 한국에 무상원조를 제공하는 것은 옳지 않다는 지적이 있어서 JGG 자금은 3차 연도에 20억 엔을 집행한 것을 끝으로 마감되었다. 결국 선형시험수조 계획은 처음에 예상한 상당수의 필수 기자재를 확보하지 못한 상태에서 종결하여야 하는 상황이 되었다. 1979년 말부터 건국 후 최대의 이전사업이라고 불린 공과대학 이전은 예인전차를 선두에 두고 시작하여 새해를 관악 캠퍼스에서 맞았다.

당초에 JGG 자금은 신생 학과 중심의 원조라는 명분으로 시작되었기에 조선공학과와 항공공학과에 비중을 높여 자금이 배정되었으나 지원이 중단되면서 실험실 건설이 어려움에 빠졌다. 황종홀 교수와 조경국 교수는 다시금 일본대사관을 찾아 조선공학과의 선형시험수조와 항공공학과의 풍동은 JGG 자금으로 시작된 상징적 실험시설인데 미완성 상태로 사업이 종결되어서는 안 된다고 설득하였다. 이에 일본대사관이 일본의 국제협력은행으로부터 OECF(해외경제협력기금) 차관을 1980년부터 4년에 걸쳐 제공하기로 하면서 두 학과뿐 아니라 대부분 학과의 미해결 실험 기자재 문제가 해결되었다.

계획대로라면 1980년 초부터는 정상적으로 실험실을 가동할 수 있어야 하였으나 1980년에 배정되어 있던 건축 예산을 다른 목적에 사용키로 하였다는 것이었다. 특정 교과목 실험시설보다 공과대학으로서는 관악 캠퍼스로 이전하였을 때 교수와 학생이 식사할 수 있는 식당과 공통 교과목 운용을 위한 대형 강의실 마련이 시급하여 1981년 예산도 부득이 다른 목적으로 돌려쓴다는 학장의 설명이었다. 관악 캠퍼스로 이전을 앞두고 JGG 자금 획득과 OECF 자금 제공의 명분이 되었던 선형시험수조가 단일 실험실로서 규모가 크다는 것이 질시의 대상이 되었다고 생각하였다.

어찌 되었든 건설 예산을 두 번씩이나 목적과 다르게 사용한 일이 감사에서 지적 받으면서 실험실 건설이 촉진되었다. 1982년 봄, 선형시험수조를 착공하여 수조를 건설하고 이듬해에 수조 건물을 완공한 다음 모형선 예인전차가 운행할 초정밀 레일을 지구 곡면에 맞추어 정밀하게 부설하여야 하였으므로 시간이 많이 소요되었다. 도입 후 7년간 옥외에 보관하면서 예인전차에 발생한 손상을 수리하고 노후한 부품을 교체하는 일에도 어려움이 있었다. 그러나 1983년 12월, 선형시험수조 실험실을 정식으로 준공하였고 도입한 각종 계측기가 정상적으로 작동되도록 하는 데 큰 노력을 기울였다.

한번은 본부 기획위원회에 출석하여 실험실에서 사용하는 상수도의 수량이나 전력비, 난방비 등에 대한 설명을 한 일이 있었는데 이 과정에서 수조 실험실을 위한 독립된 변전시설과 난방시스템을 채택하기로 하였다. 대학의 관리자 입장에서는 시설의 효율적 사용보다 관리의 효율성을 고려하여 결정한 것으로 생각하였다. 그런데 1984년 정월 추위에 수조가 어는 것을 보고 난방을 요구하였으나 실험실 온도는 겨우내 섭씨 5도를 넘기지 못하였다. 1985년 정월에 실험실이 다시 결빙되었을 때는 얼음이 언 상태에서 실험을 할 수도 있겠다는 생각이 들었다.

사실상 당시 국내에는 쇄빙선이나 극지의 빙해에서 운항할 수 있는 실험실이 없었으므로 발상을 전환하여 겨울철 수조에 냉동기를 설치하여 결빙시킴으로써 빙해에서의 실험을 할 수 있을 것만 같았다. 학생들과 방한복을 껴입고 실험을 할 때에는 실험실은 극지이고 학생들과 나는 북극곰과 같다고 생각하였다. 이렇게 실험을 하면 적은 비용으로 극지 해양의 선박 문제를 연구하는 환경을 마련할 수 있으리라는 꿈을 꾸기도 하였다.

수조 실험실 준공 이후 KTTC 공동연구 등으로 바쁘게 지냈는데 1986년 겨울 수조는 결빙하지 않았다. 또 지구온난화가 급속히 진행된 탓도 아닐 터인데 수조 내부 온도가 겨울철에 방한복을 껴입지 않아도 견딜 수 있게 바뀌었다. 결론적으로 실험실을 냉동시켜 빙해에서 사용하는 선박의 성능을 실험하겠다던 북극곰의 꿈을 잊어버리게 하는 결과가 되었다. 그러나 33년이 지난 요즈음도 명예교수실 창밖의 관악산을 바라보다 보면 사용하지 않고 버려져 있는 수영장(106동)을 실험실로 되살려 극지에서 사용할 선박을 실험하는 것과 함께 젊음까지 되찾는 북극곰의 꿈을 떠올리게 된다.

1960년대
1970년대
1980년대
1990년대
2000년대
2010년대

실험하는 로봇을 만들다

1970년대 초, 조선공학과는 동경대학교 이누이 교수의 자문을 받아 관악 캠퍼스에 새로이 설치할 선형시험수조를 계획하였다. 1973년 일본정부의 무상원조 자금(JGG)을 배정 받으면서 국제적인 실험시설을 확보할 수 있으리라 기대하고 1975년에 JGG 자금으로 핵심 기자재를 발주하였다. 1976년 6월 선형시험수조의 모형선 예인전차와 예인전차가 주행할 초정밀 레일을 주문 제작하여 길이가 10미터인 대형 목재 상자 5개 안에 포장되어 도입되었다. 중량으로는 각각 8톤 정도여서 공릉동 캠퍼스에는 5개의 대형 상자를 보관할 적당한 장소를 마련할 수 없었고 이전을 앞두고 있어 창고를 새로이 지을 수도 없었다. 부득이 운동장 한편을 정지(整地)한 후 대형 컨테이너 크기의 상자 5개를 나란히 배치한 다음 비닐로 덮고 배수시설을 정비하였다.

1977년에는 예인전차 속도제어장치를 도입하였는데 이 장치는 옥외에 보관할 수 없다고 주장하여 어렵게 창고 한구석을 차지할 수 있었다. 공과대학은 1979년 12월 중순에 이전을 시작하였다. 눈에 띄게 대형으로 포장된 조선공학과의 실험장비들은 이삿짐 대열의 선두에 배치되었다. 그러나 당초 계획과 달리 선형시험수조의 착공이 늦어지면서 장비들은 다시금 옥외에 보관할 수밖에 없었다.

1982년에야 비로소 착공된 선형시험수조 건물은 1983년 여름 완공을 앞두고 수조에 레일을 부설하여 예인전차를 조립 설치하려 하였을 때 심각한 문제가 발견되었다. 도입 후 옥외에서 수년을 지나는 동안 포장이 손상된 것이었다. 빗물이 스며들어 구동 모터를 비롯한 장비들은 당장 보수가 필요하였고 창고에 보관하였던 속도제어장치는 쥐들의 살림집이 되어 있었다.

예인전차와 속도제어장치를 공급한 규슈사(Kyushu Co.)에 기술 지원을 요청하였으나 회사가 경영 위기를 거치며 스에마쓰사(Suematsu Co.)에 흡수 통합되어 스에마쓰규키사(Suematsu-Kyuki Co.)로 바뀌어 있었다. 제어장치 설계를 담당하였던 기술자는 사고로 사망하였고 설계 자료와 도면은 찾을 수 없는 상태였다. 납품 후 8년이 지났지만 외교통상 문제로 분쟁 제기를 준비하자 스에마쓰규키사는 수리부품을 사용자가 공급하는 조건으로 문제 해결을 위한 기술자를 파견하기로 합의하였다. 초기에는 5인의 기술팀이 예인전차의 상태를 파악하였으며 최종적으로 3인은 3개월 가까이 장기체류 하면서 수많은 전선을 하나씩 찾아내어 회로도를 작성하는 한편, 부품 상태를 파악하여 교체부품의 목록을 작성하였다.

대학에서는 사용 전 물품의 수리비를 지급할 수 있는 재원이 없다 하여 고심 끝에 한진중공업의 기술경영인이던 이우식 사장에게 도움을 청하였다. 인하대학교 조선공학과 출신인 이우식 사장은 동경지사에 수리부품을 수배하게 하였는데 이미 생산 중단된 부품은 예비품까지 수배하였을 뿐 아니라 쉽게 구하기 어려운 부품은 대체품을 확인하여 구매하는 치밀한 배려를 하여주셨다. 일본인 기술자들은 대체부품에 맞도록 회로도를 수정하며 제어시스템을 구축하였다. 동력용 전원에 사용되는 3가닥의 전선을 보는 것만으로도 두려움을 느끼던 나에게는 이해할 수 없는 새로운 영역이었으나 앞으로 실험실을 맡아야 하였기에 작업의 큰 흐름을 이해하고자 노력하였다.

장차 예인전차를 책임지고 유지관리 하려면 도움이 되리라 생각하여 의문이 생길 때마다 물어보곤 하였고 기회가 될 때마다 일본인 기술자들과 점심을 함께하며 작업에 사용한 부품과 작업의 개요를 확인하였다. 초기에는 담당교수가 수시로 찾는 것을 불편해하였으나 시간이 지나며 점점 서로 가까워졌다. 일본인 기술자들로부터 상당 부분을 들어 이해하게 되었으나 중량이 30톤 정도인 예인전차를 유압장치로 들어 올려놓고 전기를 공급하자 차륜이 공중에서 도는 광경은 신기할 뿐이었다. 1983년 12월 하순에 선형시험수조 준공식을 가졌는데 내빈 앞에서 장비를 설명할 때에는 전차를 설계 제작하였다고 착각하고 있는 자신을 발견하기도 하였다.

선형시험수조의 완공을 기다리던 학생들은 기쁨을 감추지 못하였으나 새로이 마련한 선형시험수조에서의 연구 결과를 국제사회에서 인정받으려면 실험 정밀도를 높여야만 하였다. 1984년 ITTC(International Towing Tank Conference)는 여러 나라의 회원기관이 동일한 선형의 모형을 제작하여 실험하고 결과를 비교하여 실험법의 개선 방향을 찾는 국제 공동연구를 진행하고 있었다. 이 연구에 뒤늦게 참여하려 하였으나 신생 연구기관의 참여는 도움이 되기보다 효율 저하의 원인이 된다며 일본 선박연구소가 반대하여 기회를 잡지 못하였다. 결국 국내의 선형시험수조 보유기관들은 동경대학교 가지타니[梶谷] 교수의 도움을 받아 ITTC 공동연구와 같은 내용으로 KTTC 공동연구를 조직하여 수행하며 울분을 달랠 수밖에 없었다.

1987년 가을, 일본 고베에서 제18차 ITTC가 개최되기에 앞서 KTTC 공동연구결과를 보고하였다. ITTC는 한국의 연구 결과를 확인한 후 ITTC가 수행한 국제 공동연구결과에 통합하여 발표하였다. 17개 기관의 연구 결과를 모형선 크기에 따라 4개의 그룹으로 정리하였는데 두 번째 그룹에 수록된 서울대학교의 결과는 다른 그룹과 비교하였을 때 차이가 없는 것으로 확인되었다. ITTC 공동연구의 간사 역할을 하고 있던 가지타니 교수는 신생 연구시설인 서울대의 선형시험수조가 오랜 역사를 가진 기관들이 수행한 결과의 평균치와 일치하는 결과를 제출하였다며 놀라움을 표시하였다.

회의 참석 후 학교에 돌아와 선형시험수조 건설 후 3년간 함께 노력한 보람이 있었다고 학생들과 자축하였다. 역사를 가진 연구기관으로부터 외면을 당하였기에 원칙에 충실하였고 그 노력이 빛을 발하였다고 믿었다. 시설이 만족스럽게 운영되고 성능이 안정되었다고 생각하였는데 1988년부터 크고 작은 문제가 일어나기 시작하였다. 더러는 사용자의 실수가 원인이었으나 전기전자부품의 노후화가 근본 문제였다. 그래도 예인전차는 설치하면서 알게 된 단편적 지식과 확보해둔 예비부품으로 어렵게 유지관리 할 수 있었다.

1990년에는 전차의 속도를 지령하는 AD/DA 변환 부품이 고장 나서 전자공학과 대학원생에게 대체회로 설계를 의뢰하여 마련하고 청계천 전자상가에서 구입한 부품으로 제작하여 예인전차를 다시 가동하였다. 1993년에 또다시 문제가 발생하였을 때에는 부품 수배가 사실상 불가능하였으며 새로운 대체부품을 사용하려면 기존의 제어회로를 수정하여야만 하였다. 해결책을 찾느라 고심하였는데 DOS 체제로 운영되는 PC에서 550 카드를 추가로 사용하면 아날로그신호를 PC에서 발생시킬 수 있음을 알게 되었다. 예인전차의 속도제어신호를 PC로부터 공급하자 예인전차가 정상적으로 가동되어 문제를 해결하였다.

결과적으로 1975년에 설계한 예인전차의 운전은 대부분 1960년대에 생산된 전기전자부품으로 수행하고 속도 지령은 1993년에 생산된 PC로 처리하는 비합리적인 운전방식이 되어버리고 말았다. 수많은 릴레이 스위치로 제어신호를 발생시키는 오래된 논리 회로를 기본 회로로 활용하면서도 강력한 능력을 갖춘 PC에서는 전차속도를 지령하는 전압신호만을 발생시키는 방식인 것이다. 학생들과 의견을 교환하며 발전을 거듭하고 있는 PC를 활용하여 예인전차의 속도제어신호를 PC에서 발생시키는 문제를 살펴보았다. 그 방향으로 문제에 접근하다 보니 1995년 여름에는 예인전차를 PC로 운전하도록 바꿀 수 있었다.

1995년 9월 실제적인 선박 설계에 관한 국제회의(PRADS)에 참석하기 위하여 수많은 저명 학자가 한국을 찾아왔다. 국제회의에 참석하였던 차에 학교 실험실을 찾아온 방문객들 앞에서 서울대학교의 예인전차를 설명하였다. 모형선을 달아주고 PC로 지령하면 수면의 상태를 스스로 판단하여 출발하고 속도가 정상 상태에 이르면 계측을 시작하여 계측 종료 후 정지하였다가 원래 위치로 돌아오므로 반복 운전을 시키면 실험 전 과정이 사람 없이도 이루어지도록 자동화하였다고 자랑하였다. 네덜란드 마린(MARIN)연구소의 오스테르펠트(Oosterfelt) 소장은 서울대의 예인전차를 "실험하는 로봇"이라 평하였다.

그런데 일본 히로시마대학의 나카토 교수는 뿌듯해하는 나에게 조용히 다가와 예인전차의 자동화는 매우 흥미로우나 학생 교육에는 도움이 되는지 생각해보라고 하였다. 선박 설계 지원이라는 주요 기능을 가진 선박의 저항 실험을 로봇이 시행하고 학생은 참관만 한다면 학생이 스스로 결정하고 경험하는 수많은 현상을 확인할 수 없을 것이 너무나도 분명하였다. 그뿐만 아니라 선형 개량에 나서는 설계자가 직관적 판단으로 실험 조건을 바꾸어가며 개선의 방향을 찾는 데에도 전혀 도움이 되지 않으리라 생각이 미치쳤다. 아쉽지만 학생들과 협의하여 실험하는 로봇으로의 기능은 사용하지 않기로 하였다.

2005년 퇴임을 앞둔 마지막 학기에 노파심이 발동하여 예인전차 고장에 대비하는 예비부품으로 PC 회로기판 550 카드 2매를 구매하여 남기고자 하였다. 하지만 PC의 운영체제는 윈도우로 바뀌고 550 카드는 생산이 중단되었다. 빠르게 기술이 발전하면서 퇴임 후 예인전차가 고장을 일으키면 처리할 사람이 없으리라 걱정하였던 것은 기우에 불과하였다. 다소 시간이 지나고 보니 예인전차에 문제가 발생하였을 때마다 새롭게 변화가 일어나고 있음을 발견하고 노파심을 떨어버릴 수 있었다. 학교에 재직하던 38년의 기간 중 선형시험수조에서 모형선 예인전차를 개선하여 실험하는 로봇을 만들었다는 평을 들은 일은 자랑스러운 추억으로 남았다.

1960년대

1970년대

1980년대

1990년대

2000년대

2010년대

관악산의 바다로 나아가는 길

　공릉동 캠퍼스에는 미국 MIT의 아브코비츠 교수가 설계한 작은 규모의 선박모형 실험용 수조가 있었는데 한국을 대표하는 선박 실험시설로 국제기구에 등록되어 있었다. 관악 캠퍼스로 공과대학의 이전을 앞두고 동경대학교의 이누이 다케오 교수는 황종흘 교수의 요청을 받아들여 새로운 선형시험수조의 기본계획안을 마련하였다. 이누이 교수는 구상선수선형(球狀船首船型)을 개발한 공학자였는데 동경대학교의 시설을 보완하며 서울대학교 선형시험수조의 크기를 길이 117m×폭 8m×수심 3.5m로 하는 계획안을 마련하여주었다.

　이누이 교수의 제안대로 선형시험수조 시설을 건설하려면 모든 실험 장비를 새로이 설계하여야 하였다. 1976년에 들면서 각종 계측기기의 제작업체에서는 발주된 기기들의 도면 승인을 요청하여

왔다. 마침 산업체에서 기계설계업무에 참여하였던 경험이 있어 도면 검토에 참여하였는데 적지 않은 오류를 발견하고 대안을 제시할 수 있었다. 선형시험수조는 학과의 핵심 시설이었으나 담당 교수가 퇴직하고 해외로 이주하여 담당자가 없는 상태였기에 내가 선형시험수조를 담당하여야 한다고 학과 교수들의 의견이 모아졌다.

1976년 동계휴가를 계기로 '콜롬보계획'의 지원을 받아 일본의 선박유체역학 관련 연구시설을 3개월에 걸쳐 두루 살피는 기회를 얻었다. 주요 시설의 실험 현장을 참관하였으며 더러는 직접 실험에 참가하며 선형시험수조의 실무를 접하였다. 일본은 패전국이었지만 어느새 세계 제1의 조선국이 되었고 조선 전공자들은 국가부흥을 이끈 주역임을 자랑스러워하는 것을 느낄 수 있었다. 새삼스럽게 학과에서 맡겨준 선형시험수조가 조선산업의 발전을 이끌어야 하는 핵심 시설임을 실감하는 계기가 되었다.

1979년 12월, 관악 캠퍼스로 이전하였으나 단일 교과목의 실험실이라는 이유로 선형시험수조의 건설이 늦어지고 있었다. 실험실 착공을 촉진하기 위하여 관련자들에게 현대중공업이 1974년 6월에 진수한 재화중량 26만 톤의 거대한 유조선을 예로 들며 새로이 건설 예정인 시설의 특징과 중요성을 설명하였다. 유조선 '애틀랜틱 배런호(Atlantic Baron號)'의 100분의 1 모형선을 사용하면 배수량으로는 1,000,000분의 1 모형으로 시험하는 최소한의 기능을 가진, 선박 설계에 필수적인 실험장치라고 설득하였다. 노력한 보람이 있어 1982년 봄에 선형시험수조 동(42동)을 착공하였다.

축척이 100분의 1인 애틀랜틱 배런호의 모형선을 선형시험수조의 물에 띄웠을 때 배에 그려진 굵기 1밀리미터의 흘수선(吃水線, 배가 물에 떠있을 때 배와 수면이 접하는, 경계가 되는 선)이 물에 잠기는지 아닌지에 따라 실선(實船)에서는 배수량이 1,500톤의 오차가 나는 것으로 계산되었다. 실선 중량은 모형 중량의 백만 배가 되므로 모형에서 측정된 오차는 실제 선박에서 백만 배로 확대되어 영향을 주는 것이다. 선형시험수조의 레일이 수면에 대하여 1밀리미터 잘못 놓이면 그 오차는 레일 길이의 117,000분의 1에 불과하지만 배수량의 차이가 1,500톤에 이르므로 계측값은 사실상 사용할 수 없게 된다.

둥근 지구상에서 수면에 접하는 117미터의 직선을 그리면 그 선의 끝은 수면으로부터 1.075밀리미터만큼 떨어지는 것으로 계산된다. 따라서 선형시험수조에서 레일을 정확하게 직선으로 정렬하면 수면으로부터 오차가 1밀리미터를 넘는다. 어렵게 새로이 건설하는 선형시험수조에서 이루어지는 실험이 올바른 값을 가지려면 레일을 지구 곡면에 평행하도록 부설하여야만 하였다. 곧 수면과 평행하게 레일을 맞추어 정렬하여야만 올바른 실험 결과를 기대할 수 있었다.

그런데 기준이 되어야 할 수면은 끊임없이 증발하며 출렁거릴 뿐 아니라 측정하려고 접촉하면 소금쟁이의 발밑으로 물의 겉면이 눌리듯이 수면이 아래로 움직이고 때로는 따라 오르는 것이 확인되었다. 실험실에 설치할 목적으로 정밀 가공한 레일을 500밀리미터 간격으로 받치고 중간지점이 0.01밀리미터 처지도록 하려면 2톤의 하중으로 가운데 부분을 눌러주어야 하는 것으로 계산되었다. 이와 같이 굽히기 어려운 레일을 불안정한 수면을 기준으로 굽혀서 지구 곡면에 따르도록 정렬하는 어려운 작업이었다.

이 작업을 위하여 일본의 실험시설 시찰 경험과 선박연구소의 자료들을 참고하여 높이 조절과 경사 조절 그리고 좌우로 미세 조정이 가능한 레일 받침을 새로이 설계하였다. 조달청을 거쳐 '전차용 레일 받침'으로 발주하였는데 뜻하지 않게 이를 지하철 공사에 소요되는 새로운 형식의 레일 받침이라고 판단한 주물업자가 실적 확보를 위하여 구매 예정가의 3분의 1 수준으로 응찰하였다. 처음에는 값싸게 물품을 구매하였다고 생각하였지만 예산의 3분의 2를 절약한 것이 아니라 절약액 전부가 국고로 환수되고 마는 결과가 되었다.

소중한 예산을 환수 당하였다는 아픔에 더하여 혹시나 설계도와 다르게 부실한 물건이 납품되는지가 더욱 걱정스러웠다. 1982년 가을, 주물 제품인 레일 받침이 입고되었을 때 제품을 정반(定盤, 기계 부품의 조립, 검사 따위에 쓰기 위하여 금속으로 만든 두꺼운 평판) 위에 하나하나 올려놓고 100분의 1 밀리미터를 측정할 수 있는 측정기로 가공 면을 전수검사 하였다. 자연스럽게 검사 시간이 소요되었는데 도중에 업체의 담당자가 바뀌었고 저가 수주를 주장하였던 영업부서 책임자가 회사에 끼친 손실의 책임을 지고 회사를 떠났다는 안타까운 사실을 접하였다.

1982년 말에 선형시험수조와 건축공사가 종결되었으며 1983년 봄, 준비한 레일 받침을 수조에 설치하고 레일을 정렬하는 작업을 시작하였다. 두 가닥의 레일이 8.5미터 간격을 유지하며 지구 곡면을 따르는 수면에 평행한 선으로 정렬하는 작업이었다. 끊임없이 변동하고 있는 수면을 기준으로 하여 100분의 1 밀리미터 단위로 측정하고 그 결과를 근거로 레일을 톤 단위의 하중을 가하여 원하는 형태가 되도록 강제로 변형시켰으나 변형된 형태를 유지하는 것은 어렵고 지루한 작업이었다.

미켈란젤로가 수년에 걸쳐 다윗 왕의 입상을 조각할 때 손에서 떨어지는 흰색 가루로 작업이 진행되고 있음을 알 수 있었다 하였는데 레일의 정밀 정렬작업은 여러 작업자가 레일의 한 곳에 모여 있는 것으로만 보일 뿐 좀처럼 진척도가 눈에 보이지 않았다. 결국 6개월이 소요된 후에야 목표하였던 정렬 상태에 이르렀다고 자부심을 가질 수 있었다. 이 작업의 결과는 선형시험수조의 자랑거리가 되었으며 30여 년이 지난 현재에도 수조를 처음 방문하는 사람들에게 우선 소개하는 항목으로 자리 잡았다.

1983년 12월, 선형시험수조 동(棟)이 관악 캠퍼스에 준공되었으며 1984년부터 적극적으로 활용되었다. 1984년 가을 세계수조회의 (ITTC) 총회는 선박모형 시험법의 개선 방향을 찾기 위한 실험적 연구를 국제 공동으로 시작하였는데 이웃한 조선 선진국인 일본은 한국의 참여를 탐탁하게 생각하지 않았다. 이에 국내의 조선학자들을 모아 같은 주제로 별도의 공동연구를 조직하여 수행하였고 그 결과를 1987년 일본 고베에서 열린 ITTC 총회에서 발표하였다. 서울대학교의 실험 결과는 22개국의 회원기관들이 제출한 결과의 평균값과 일치하였다.

선형시험수조가 건설되고 나서 선형 개발 연구를 한국해사기술과 협력하여 수행하는 관계가 자연스럽게 구축되었다. 1984년에 500톤급 수로국의 수로표지작업선, 1985년에 튀니지의 세관감시선, 1986년에 379톤급 원양 참치어선의 선형 개발에 기여하였다. 나아가 어로지도선, 경비정 등의 관공선 개발에도 기여하였으며 개발한 3,000톤급 해경경비함은 독도지킴이가 되었다. 300킬로톤(kiloton, 1킬로톤은 1톤의 1,000배) 유조선은 이란 선주에 인도되어 성능의 우수성이 널리 소개되었고 5600TEU 컨테이너선은 컨테이너선 대형화에 이바지하였다.

특히 1999년에는 ITTC 총회를 한국에 유치하여 개최하였으며 일본이 중심이던 아시아 지역을 두 개의 권역으로 나누었다. 일본과 주변의 섬나라가 하나의 권역이 되었고 한국과 중국을 비롯한 그 외의 국가들이 또 하나의 권역이 되었다. 이제 한국의 조선 기술자들이 ITTC 지역대표 기술위원으로 활동하고 있다. 2000년에 한국의 조선산업은 연간 건조량에서 세계 제1의 지위를 차지하였다. 이어서 수주량 및 수주잔량 등의 모든 지표에서 세계 1위가 되었고 세계 10대 조선소 중 7개 조선소가 한국에 자리 잡기에 이르렀다.

돌이켜보면 1983년 관악 캠퍼스에 건설된 선형시험수조에서 심혈을 기울여 정렬한 두 가닥의 레일은 실험실의 정밀도를 높이는 길이 되었고 우리의 조선 기술을 발전시키는 데 숨은 공로자가 되었다. 우리나라 조선산업이 1970년대에 발돋움하여 2000년에 들어서 세계로 나아가는 데 선형시험수조를 중심으로 하는 선박유체역학 기술의 발전이 큰 역할을 하였음을 생각하면 길이 117미터의 레일 두 가닥은 조선산업의 발전을 이끌어준 '관악산의 바다로 나아가는 길'이었다고 자부한다.

1960년대
1970년대
1980년대
1990년대
2000년대
2010년대

관악산의 나비

선형시험수조 실험실에서 석사과정 학생들이 논문 실험을 하고
있던 1987년 늦은 가을 무렵이었다. 아침 일찍 출근하였더니 늦은
시간까지 실험하던 학생이 실험계측기가 손상되었다고 보고하여
왔다. 손상된 계측기는 선형시험수조에서 선박의 저항을 계측하는
핵심 장비인 저항동력계였는데 모형선을 예인할 때 힘을 측정하
는 시험장치의 핵심 부분이 손상된 것이었다. 1983년 수조가 준공
된 후 3년 남짓하게 KTTC(Korea Towing Tank Conference) 공동연구를
수행하며 주목받을 만한 결과를 내었던 주요 계측기였다. 다급한
석사학위논문의 실험뿐 아니라 수조의 기능을 유지하려면 저항동
력계의 고장을 어떤 수단으로라도 해결하여야만 하였다.

손상된 동력계에서 힘 계측 부분을 분리한 후 별도의 장치로 조
사하였으나 계측 결과를 신뢰할 수가 없었다. 손상이 일어날 당시

의 상황을 현장에서 확인하니 순간적인 충격이 가해지면서 정격 하중의 10배 정도의 힘이 작용했으리라고 유추되었다. 손상된 검력계 부분은 도입 가격 기준으로 약 1,000만 원 정도였는데 예산 확보에 노력이 필요하고 발주 도입에 상당한 시간이 소요되므로 매우 난감한 처지에 빠질 수밖에 없었다. 검력계의 보관 상자에는 '검력계를 사용자가 분해하면 그 순간 성능에 관한 모든 책임이 사용자에게 있다'는 경고 표기가 있었으나 해체하기로 하였다.

검력계를 분해하고 계측하니 예상대로 하중 검출부에 큰 변형이 일어나 있었다. 대학과 대학원 과정에서 배운 재료역학 지식을 토대로 해석하는 한편, 손상 전의 형태로 부품을 재설계한 후 대학의 기계공작실에서 가공하였다. 또한 스트레인게이지(strain gauge; 물체에 부착하여 물체가 외부의 힘을 받았을 때 생기는 변형 양을 측정하여 외부로부터 작용한 힘을 측정하는 계기)를 조사하여 구입하고 회로를 검토하여 회로도를 작성하였으며 이들을 재해석하는 과정을 거쳤다. 뿐만 아니라 실험실 직원을 스트레인게이지 공급기관에 파견하여 게이지 작업과 회로 구축에 관한 실무교육을 받도록 하였다. 정밀 계측기를 분해한 후 재설계 과정을 거쳐 손상부품을 제작하고 수리하는 무모한 도전에 뛰어들었던 것이다.

손상부품을 교체한 후 손상된 검력계를 재조립하니 당초의 검력계와 비교하였을 때 민감도에서 차이가 있었으나 선형성은 동등하다고 확인되었다. 이에 용기를 얻어 교정시험기를 설계 제작하고 정밀교정시험을 하여 출력을 보정하였는데 당초의 제품을 대체할 수 있을 만한 성능이 되었다. 이를 사용하면서 예정보다 늦어지기는 하였으나 계측기를 손상시킨 학생의 석사학위논문 연구를 다시 진행할 수 있었다. 그리고 이때의 경험이 바탕이 되어 단일방향의 힘을 계측하는 검력계에서 다방향의 힘을 동시에 계측하는 검력계를 설계하는 문제에도 도전할 수 있었다.

이 시기 석사과정 중에 한국 전통 선박에서 사용하는 노의 운동과 추력 발생의 상관관계를 조사하는 연구가 수행되었는데 힘 계측에 고가의 검력계가 필요하여 고심하였다. 그러다가 검력계를 자체적으로 설계 제작하는 경험을 한 것을 계기로 힘 계측장치를 학생과 함께 만들기로 하였다. 한국의 전통 노는 사공이 노를 선측 방향으로 밀어주고 끌어당기면 노의 날이 ∞자 모양으로 움직이며 선미 쪽 물을 좌우로 휘저어주는데 추력은 노의 운동 방향이 아니라 배를 전진시키는 방향으로 발생한다. 이 원인을 밝히려면 노에서 발생하는 힘의 모든 방향의 분력(分力)을 전부 계측할 수 있어야 하였다.

검력계에 맞추어 실험방법을 생각하고 모형의 크기를 결정하던 관행에서 벗어나 모형을 먼저 선택하고 실험방법을 구상한 후에 검력계를 설계 제작하여 실험에 사용하는 도전을 하였다. 결국 세 방향의 힘을 동시에 측정할 수 있는 검력계를 설계하여 한국 전통 노에서 추력이 발생하는 과정을 계측하는 비정형화된 실험에 성공하였다. 이때의 내용을 〈대한조선학회지〉에 논문으로 발표하였는데 동경대학교의 명예교수인 사쿠라이[櫻井] 교수는 이에 근거한 새로운 논문을 〈일본조선학회지〉와 〈대한조선학회지〉에 투고 하였다. 이와 같이 주위의 주목을 받으면서 선형시험수조에서 할 수 있는 비정형화된 새로운 실험에 힘을 기울일 수 있었다.

학생이 실험 중에 뜻하지 않게 일으킨 계측기 손상 사고가, 학 교에서 학생들과 다양한 유형의 실험계측법을 구상하고 실험에 필요한 계측용 검력계를 설계 제작하여 사용하는 출발점이 되었 다. 실험실에서의 활동을 눈여겨보고 있던 삼성중공업은 세 종류 의 하중(荷重)을 동시에 계측하는 검력계를 개발하는 연구를 제안 하여왔다. 이후 2년 가까이 함께 연구하며 성공적인 결과를 제시 하였고 삼성중공업은 독자적인 실험시설을 마련하며 순수한 국내 기술로 계측기기까지 설계 개발하기로 계획을 확정하였다. 학과 실험실은 새로운 삼성중공업 선형시험수조의 계측기 개념설계를 담당하였다.

발생한 손상 사고를 비롯하여 10여 년간 학과 실험실에서 축적 된 경험은 삼성중공업의 선형시험수조에서 사용하게 될 각종 계 측기 개념설계에서 커다란 자산이 되었다. 1995년에는 모터를 구 동할 때 발생하는 반(反)작용력을 측정하여 모형 프로펠러의 토크 (torque; 주어진 회전축을 중심으로 회전시키는 능력)를 측정하는 검력계 를 개발하였다. 이때의 하중 검출방식을 당시 사용 중에 있던 자 항시험기에 적용하여 경량화함으로써 소형 모형선의 추진 실험에 사용할 수 있는 길을 열었다. 특히 6분력 검력계에 대한 개념설계 를 바탕으로 홍익대학교의 실험실과 중소 조선연구소의 풍동실험시설에서 검력계를 설계하게 된 것도 예기치 못한 결과라고 생각한다.

그런데 이 과정에서 전혀 뜻하지 않게 독일의 '켐프앤드레머(Kempf and Remmer)'라는 저명한 계측기회사가 경영상의 어려움을 이기지 못하여 도산하였음을 알게 되었다. 당시는 조선 경기가 침체 국면에 있었고 자연스럽게 선박 성능 평가에 필요한 계측기 수요도 줄어든 상태였다. 이러한 시점에 선형시험수조 관련 계측기기를 공급하는 유럽의 대표적 기업인 Kempf and Remmer로서는 삼성중공업의 선형시험수조 건설은 희소식이었으나 신설 수조의 규모에 맞추어 필수적인 각종 계측기기를 공급하게 되리라 확신하고 계약도 맺지 않은 상태에서 작업에 착수한 것이었다.

Kempf and Remmer는 아버지와 아들의 이름을 회사명으로 사용하는 독일의 오랜 전통을 가진 회사로서 유럽은 물론이고 전 세계에 선박 연구 관련 각종 계측기를 공급하고 있었다. 하지만 19세기 말부터 기계공학과 관련한 실험 기자재를 공급하고 있던 영국의 '커슨스(Cussons)'라는 회사에 흡수 합병되는 비운을 맞았다. 결과적으로 관악산 41동 선형시험수조에서 일어난 학생의 조그마한 실수가 세계 굴지의 계측기 회사를 도산케 한 계기가 된 셈이었다. 아마존 숲속에서 나비가 일으킨 공기의 교란이 대양의 폭풍으로 발전한다는 '프랙털 이론(fractal 理論)'을 떠올리면 검력계 손상 사고를 일으킨 대학원 학생은 '관악산의 나비'였다고 생각한다.

1960년대
1970년대
1980년대
1990년대
2000년대
2010년대

〈서울공대〉 창간의 뒷이야기

돌연히 동창회 간사가 되다

1990년 여름, 평소 찾는 일 없던 공대 교수 한 분이 42동에 있는 연구실로 찾아왔다. 커피 한 잔을 끓여놓고 이런저런 세상 돌아가는 이야기와 바둑 천재의 출현 이야기 등을 나누었는데 한담 중에 공대 동창회와 관련한 막연한 이야기도 몇 마디 포함되어 있었던 것으로 기억한다. 며칠 후, 잠시 들려달라는 학장부속실의 연락으로 이기준 학장을 만났고 나도 모르는 사이에 내가 공대 동창회의 간사 역할을 하는 교수로 정해져 있다는 사실을 알게 되었다.

고등학교 동창회나 학과 동창회에도 적극적으로 참가해본 일이 없었는데 갑작스레 예고 없이 방으로 찾아온 공과대학 동창회 간사와 차 한 잔 나눈 것이 빌미가 되어 적지 않은 일거리를 맡게 된 것이었다. 간사로 동창회 업무를 인계받으면서 전임자가 임기 중

동창회 명부 제작에 심혈을 기울여 공대 동창회 명부(1988년 판)를 성공적으로 출간하였음을 자랑스럽게 생각하고 있음을 알 수 있었다. 하지만 동창회의 재정은 대부분 동창회 명부로 바뀌어 서고에 쌓여 있을 뿐이어서 십여 년간 발간하여오던 〈동창회소식〉을 발간하는 것조차도 유동성에 문제가 있어 보였다.

〈동창회소식〉은 동창회에 오래도록 근무한 여직원이 실무 작업을 담당하여 왔으며 4월에 〈동창회소식〉을 발간한 상태였다. 동창회 업무를 담당하던 직원은 동창회 명부 작업과 같은 큰 일거리도 끝난 상태이니 퇴직하겠다는 의사를 밝혀왔다. 후속한 〈동창회소식〉의 발간 문제도 있었으나 직원에게 지급할 퇴직금 준비도 쉽지 않아 보였기에 우선 연말까지 퇴임 시기를 늦추어달라고 당부하였다. 한편으로 동창회 명부는 대체로 5년 정도의 주기로 발간되어야 생명력이 있다고 판단하고 학장과 협의하여 동창회 명부의 가치가 살아 있을 때 매각함으로써 동창회의 재정 건전성을 확보하기로 하였다. 동창회 명부를 보급 처리하는 과정에서 〈동창회소식〉의 정례적 발간은 동문 사이의 교류뿐 아니라 명부 보급에도 도움이 되리라 생각하게 되었다.

〈동창회소식〉의 발간과 공존하던 〈공대소식〉

〈동창회소식〉은 1990년 4월 발간한 제11권 제1호의 전체 페이지 수가 36페이지였다. 제11권 제2호를 발간 준비하였는데 전례에 따라 동창회와 학과 동창회의 실적을 모아 원고로 정리하였다. 동창회 직원이 퇴직을 미루고 발간 작업에 임하여 큰 어려움 없이 진행되었고 할인 조건을 곁들여 명부를 홍보하며 보급할 수 있었다. 제11권 제2호가 발간되었을 때에는 적극적으로 홍보한 보람이 있어 회계상으로는 결손이 되었으나 상당 부분의 유동성을 회복하였고 연말에는 직원의 퇴직금을 마련할 수 있었다.

1992년 들어 이기준 학장은 공과대학확충종합계획 추진에 심혈을 기울이고 있었으며 새 동창회장으로 취임한 이달우 회장은 학과 동창회와 긴밀한 유대 강화로 동창회 발전을 꾀하며 공대 동창회와 학과 동창회가 함께 사용할 수 있는 엔지니어 하우스의 건설 계획을 추진하였다. 대학의 발전 계획과 공대 동창회의 발전 계획이 함께 움직이며 이상적인 공조 상태가 되어 있었던 것이다. 동창회가 활발히 활동하면서 전해야 할 소식도 자연스럽게 늘어날 수밖에 없었고 미리 계획한 일은 아니었으나 1992년에는 소식지를 4회 발간하는 것으로 방침을 변경하였다.

공과대학은 1974년에 〈공대소식〉을 창간하였고 연 4회 발간하고 있었다. 〈공대소식〉은 공과대학의 교육 및 연구 활동의 발전상을 홍보하는 것이 주목적으로 대학 소식과 교수 연구 활동 그리고 교수 동정 등을 소개하였다. 한편 〈동창회소식〉은 1980년부터 춘추로 발간하였으며 동문 중심의 소식을 전하는 것이 주목적이었으나 모교 소식도 높은 비중을 차지하고 있었다. 두 간행물 모두 몇 페이지 되지 않는 지면으로 발간되는 출판물이었는데 〈동창회소식〉을 4번 발간하기로 하면서 핵심 기사인 대학 소식의 상당 부분이 매호 중복되는 문제를 피할 수 없었다.

\<공대소식\>과 \<동창회소식\>을 융합한 \<서울공대\>의 창간

대학이 주관하는 〈공대소식〉과 동창회가 주관하는 〈동창회소식〉에 소식 관련 기사가 시차를 두고 중복 게재됨에 따라 후속하여 실리는 소식 기사는 가치 하락이 불가피하였다. 뿐만 아니라 발간 시점에 주요 정책 방향을 제시하는 권두언 등의 주요 기사가 지향하는 초점이 두 간행물에서 달리하는 경우도 발생하였다. 문제의 해결을 위하여 제도적 장치를 마련하여야 한다고 제안한 것이 이유가 되어 구체안을 검토하였다. 〈공대소식〉과 〈동창회소식〉을 순차 발간하며 편집진 연계회의를 정례화하는 방안과 두 간행물의 발간 일정을 통일하고 단일 간행물에 전반부는 〈공대소식〉, 후반부는 〈동창회소식〉으로 발간하는 방안 그리고 두 간행물을 통합한 완전히 새로운 간행물을 마련하는 방안이었다.

공과대학과 공대 동창회는 유기적으로 연계된 하나의 조직이어야 한다는 분위기가 조성되어 있었으므로 〈공대소식〉과 〈동창회소식〉을 폐간하고 완전히 새로운 통합 간행물을 발간하는 방향으로 의견이 모아졌다. 우선 새로운 간행물은 단순한 내부 간행물이 아니라 공과대학이 과학과 기술의 발전을 국민에게 알리는 매체가 되어야 하며, 동문의 근황을 알리는 단순한 소식지가 아니라 동문들의 업적을 조망하여 젊은 공학도들이 미래 설계에 도움이 될 자료를 공급하자고 하였다. 내용 면에서는 당시까지 발간되던 간행물의 기사를 자료의 단순 모음이나 일지형 메모 모음의 형식에서 벗어나 호소력 있는 서술식 기사로 바꾸기로 하였다.

책자의 명칭은 '과학과 기술', '공학의 세계' 등 혁신적인 것으로 사용하자는 의견이 있었으나 논의 과정에서 '서울공대'를 사용하기로 하였다. 우리나라의 산업 발전을 이끌어온 서울대학교 공과대학과 동문들의 업적을 누구도 부인할 수 없으므로 국민 사이에 사랑받는 매체로 발전하는 데 도움이 되리라는 의견들이었다. 〈서울공대〉를 격월간으로 지속 발간하려면 설득력 있는 기사를 꾸준히 발굴할 수 있어야 하므로 〈공대소식〉의 편집진과 〈동창회소식〉의 편집진이 간행물에 들어갈 내용을 조사하여 지속성이 있는 기사와 시사성이 있는 기사를 확보하는 방안을 검토하였다.

〈서울공대〉, 대학과 동창회의 기관지로 자리 잡다

〈서울공대〉에 수록할 주요 기획기사의 범주로 논단, 신기술 소개, 핫이슈(Hot issue) 등을 선정하였다. '논단'은 대학의 발전 방향을 염두에 두고 발행인이 직접 사회 지도층 인사를 만나 원고 청탁을 하기로 하였다. '신기술 소개'는 앞으로 변화를 주도할 새로운 공학기술을 편집위원들이 선정하고 학내외의 전문가에 청탁하여 매호 4~5편을 싣기로 하였다. '핫이슈'에서는 공과대학으로서 의견을 내는 것이 바람직한 쟁점 상황이 발생하였을 때 전문가의 견해를 제시하는 것으로 하였다. 이 기획에 따라서 매호 2~3건의 기사를 소개할 수 있었다.

고정기사의 범주로는 회고기사, 만나봅시다, 수상자 소개, 동문 수필, 소식, 기타 기사 등을 선정하였다. '회고기사'에서는 학과별로 원로들의 학과 초창기 기억을 기록으로 남기고자 하였다. '만나봅시다'에서는 각계각층에서 주목받고 있는 동문, 퇴임 교수, 신임 교수, 수상 동문 등을 만나 인터뷰 기사를 작성하여 수록하도록 하였다. '동문 수필'에서는 특별한 제약 없이 동문들의 호소력이 있는 수필을 투고 받아 게재하고자 하였다. '소식'에서는 공대, 동창회, 학과별 동창회, 해외 동문, 재단 등의 소식을 수록하는 것으로 결정하였다. 어느 범주에도 속하지 않는 만평과 같은 내용도 편집위원들이 수록 여부를 정하기로 하였다.

앞에서와 같이 기사의 포괄적인 범주를 선정하고 편집위원(김효철, 전효택, 강태진, 김광우, 윤의준, 최양희)들은 본인이 전공한 학문 분야와 인접 학문 분야를 중심으로 공과대학의 학과와 부속기관을 분담하여 원고를 모으기로 하였다. 〈서울공대〉를 창간하기로 하였을 때 이미 주요 분야의 핵심 논점이 될 수 있는 기사의 원고를 청탁할 수 있었다. 창간호가 1993년 2월에 발간되었을 때에는 6호까지 게재할 원고의 윤곽이 나와 있었으며 기사의 내용이 어떤 특정 학과에 치우치지 않도록 원고의 게재 순서를 정하였다. 원고 범주에 따라서는 학과 명칭의 가나다 순 또는 역순으로 게재 순서를 정하여야만 하였다.

학장과 동창회장이 〈서울공대〉의 발행인으로서 사회 지도층 인사와 접촉이 이어졌다. 편집위원들은 가능한 한 서로가 잘 아는 학내의 인사보다는 동문 여부와 관계없이 전문가에 원고 청탁을 우선토록 하였다. 더러는 완공을 앞두고 붕괴한 행주대교 사고 또는 논쟁이 되고 있던 영종도공항의 건설과 같은 사회적 쟁점 사항을 선정하여 원고를 청탁하기도 하였다. 대학과 동창회의 연활(軟滑)한 협력과 폭넓은 원고 수집 활동으로 〈서울공대〉는 변화하는 대학의 모습과 발전하는 '과학과 기술의 세계'를 보여주는 창구가 되도록 힘을 기울였다. 이런 노력이 있었기에 작은 면수로 8회 발간되던 것이 6회 발간으로 발간 횟수는 줄었으나 페이지 수는 2배 이상 늘어났다.

〈서울공대〉 창간의 소망과 앞으로의 발전

〈서울공대〉는 서울대학교 공과대학과 동창회 회원들 사이에서 제한적으로 배포되는 단순한 소식 전달지가 아니라 대중에게 문호가 열린, 과학과 기술 정보가 담긴 매체로 발전되는 것을 소망하며 창간하였다. 첫해 발간에서는 사회적 호응이 유발되어 광고 수입이 출판 비용의 상당 부분을 감당하였기에 대학과 동창회의 기관지로서 사회 발전을 이끄는 월간지로 거듭나기를 기대할 수 있었다. 현재 계간으로 발간하고 있으나 20여 년이 지나 100호를 발간하였음을 들으니 지난 기억이 새롭다. 이제 지나온 100호까지를 되돌아보고 새로이 등장한 온라인출판을 활용하여 창조적 과학의 세계를 열어 보이는 매체로 나아가고 앞으로 계간에서 격월간 그리고 다시금 월간으로 발전할 수 있기를 기대한다.

1960년대
1970년대
1980년대
1990년대
2000년대
2010년대

연간소득 253,800 원의
투자 이야기

실험적 성능 평가로 소형선 설계 지원의 기회를 얻다

1980년대 후반부터 수산청과 지방자치단체는 어업환경의 변화에 대처하여 어로환경에 대한 시험 조사와 어민에 대한 어업지도를 위한 선박들을 발주하였다. 1982년에는 '해양법에 관한 유엔협약(영해·해양항로·해양자원에 관한 국제협약)' 채택으로 1965년에 체결된 한일어업협정의 개정 필요성이 대두되었다. 1979년에 관악 캠퍼스로 공과대학이 이전하고 1983년에 선형시험수조(42동)를 준공하기까지 나는 실험실을 책임지고 있었다. 이후로 선형시험수조 실험실에는 중소형 선박의 성능을 확인하기 위한 실험 지원 요청이 들어오기 시작하였다. 선박은 해양경찰청의 연안 경비정이나 세관의 감시선으로 이어졌으며 중소 조선소들이 필요로 하는 실험적 연구는 실험실에서 지원하였다.

300톤 미만의 소형선들은 주로 단거리 운항이 목적이었고 해상 상태가 나쁘면 출항하지 않으므로 선박의 속도에 관심을 둔 실험이 대부분이었다. 하지만 선박의 규모가 500톤으로 커지자 선박들의 운항 형태가 바뀌기 시작하였다. 더러는 파도가 있어도 정박하여 조사업무를 수행하여야 하거나 작전 대기 상태로 있어야 하는 시간이 길어지기도 하였다. 특히 세관감시선이나 경비정일 때에는 특정 해역에서 은밀하게 출항 대기 상태로 있어야 하는 일들이 흔히 나타났다. 대기 시간 중에 선박이 파도에 따라 크게 동요하면 선원이라 할지라도 멀미로 고생할 뿐 아니라 심하면 심각한 전투력 저하 현상이 일어나기도 하였다.

당연히 멀미의 주범인 선박의 횡(橫)동요를 줄여줄 방안이 필요하였고 선체의 운동 특성 해석과 실험적 확인 등을 요구하는 일들이 나타났다. 선박의 횡동요는 조선학에서는 고전에 속하는 부분으로 흔히 교과서에서 다루어지는 문제이다. 선박을 안정시키는 기본 원리는 선박을 횡동요하도록 만드는 힘에 역위상(逆位相)을 가지는 힘을 발생시키는 것으로 매우 간단하다. 파도 중에서 발생하는 선박의 횡동요를 예측하고 그와 반대되는 운동을 일으키는 힘이 발생하도록 선박에 물을 적재하여 적당량을 주기적으로 적절한 위치로 옮기면 안정화가 이루어지는 것이다.

조선소의 실무자와 외국 업체와는 협력이 필요하다

간단한 원리를 선박에서 실용화하려면 선박의 무게와 중심을 알아야 하는데 이는 선박을 건조한 후 측정하여 확인하거나 설계 도면으로부터 계산하여야 비로소 알 수 있다. 선박의 중심위치와 파도의 특성을 알면 횡동요를 예측할 수 있고 또한 횡동요를 바로 잡는 데 필요한 힘도 예측할 수 있다. 배의 양쪽 뱃전 가까이에 물 탱크를 두고 이 탱크들을 U자형으로 연결하여주면 배가 기울어졌을 때 물이 낮은 쪽 탱크로 흐르게 되므로 관로를 따라 흘러 다니는 물의 양과 주기가 선박의 횡동요를 줄이는 데 적합하도록 탱크의 크기와 관로를 결정하여야 한다. 따라서 조선소의 설계 실무자들에게는 탱크의 크기와 위치를 결정하고 적합한 관로와 밸브시스템을 설계하며 이들을 제어하는 체계를 구축하는 것이 업무의 핵심이었다.

조선소에서 사용하는 펌프와 각종 자동 밸브시스템 그리고 제어기기는 자체 생산하는 품목이 아니므로 조선 기자재 업체로부터 공급 받아야 한다. 그런데 이 제품들은 선박에 사용하는 전문화된 제품이어야 하였고 해당 시스템이 효과적으로 사용될 수 있는 선박도 중소형 선박으로 한정되어 있어서 세계적으로 생산업체가 제한되어 있었다. 조선소는 가까운 일본의 업체로부터 선박의 횡동요를 줄여주는 데 필요한 물품을 공급 받는 것이 유리하였기에 자연스럽게 협력관계를 이루고 있었다. 일본 업체로서는 적합한 설계를 거쳐 부품을 공급하려면 조선소로부터 선박 관련 정보가 필요하였고 조선소는 일본 업체의 기술 정보가 있어야 생산 계획을 세울 수 있었다. 이는 우리가 설계한 선박의 모든 정보를 일본의 기자재 업체에 제공하고 횡동요 감쇠장치의 설계를 공급 받는 관계로 정착되는 결과를 가져왔다.

시스템 국산화에 뜻을 두다

설계에 필요한 기술 정보를 제공하면서도 극히 간단한 시스템 구축조차 일본 기자재 업체가 담당하면서 결과적으로 상당액의 기술료를 조선소에서 지급하여야 하였다. 더욱이 일본의 업체가 시스템 설계를 위하여 요구하는 선박의 각종 정보가 경비정과 같은 선박일 때에는 전력(戰力)이 노출된다는 문제가 있었다. 한일 간에 발생하는 분쟁을 가상하면 우리는 일본 경비함의 기술 정보를 가지지 못하는데 우리 경비함의 기술 정보는 일본에 내어주고 있다는 것이 몹시 안타까웠다. 누군가 반드시 국산화하여야 한다고 해서 실용화를 최종적인 목표로 설정하고 우선 한국과학재단에 기초 연구비를 신청하였고 1996년 과제로 선정되었다.

기초 연구에서 기존의 기술을 정리하고 설계에 필요한 모형시험장비를 제작하였으며 특허출원도 하였다. 어느 정도 정리가 되자 제품화로 발전시킬 수 있다는 판단이 섰고 실용화를 전제로 연구비를 신청할 수 있었다. 1차 연도 결과가 나왔을 때에는 조선소에서 설계에 반영하기로 약정하여주었기에 조선소에 기술 공급자가 되었음이 몹시 자랑스러웠다. 그런데 1차 연도 연구 결과 심사에서 뜻밖에도 연구를 중단하라는 판정을 받았다. 시스템의 구매 계약이 있어야 하는데 설계기술 공급약정에 이르렀을 뿐 구매 조건부라는 사업목표에는 미달이라는 것이었다. 다행이라면 '성실중단'으로 판정하고 연구비 환수는 하지 않는다는 것이었다. 선박의 횡동요를 감쇠시키기 위한 시스템을 공급하려면 선주와 조선소 사이에 공급 계약이 선행되어야 하므로 연구자가 선주와 공급 계약을 체결할 수 없다는 선박의 특수성을 설명하였으나 결국 받아들여지지 않아 연구 결과를 구현하지 못함으로써 마음의 상처를 받은 바 있다.

어선감척사업에서 시스템 공급의 기회를 마련하다

횡동요 감쇠시스템이 필요한 선박을 계획한다는 정보가 있을 때마다 기술 공급을 제안하였으나 실적이 없다는 것이 결정적 약점이 되어 공급 기회를 잡지 못하였다. 그런데 한일어업협정의 발효로 어로 활동에 제약을 받아 퇴역하여야 하는 어선들이 발생하였고 정부는 이들을 구매하여야 하였다. 구매한 선박 중 일부를 어로지도선 등으로 용도 변경 하였는데 그중 한 척의 선박에 횡동요 감쇠시스템을 장착한다는 소식을 들었다. 해양수산부의 호의와 선박안전기술공단의 지원을 받아 개조 선박에 횡동요 감쇠장치를 수퍼센츄리가 공급하게 되었다. 수퍼센츄리는 대전에 소재한 설립 자본금 1억인 벤처회사로서 한국과학재단의 연구를 함께했던 연구원이 설립에 참여하였고 나에게도 3퍼센트의 소액 출자 기회가 주어졌다.

어선이 조사선으로 개조된 후 재취역(再就役)하면서 횡동요 감쇠시스템의 성능이 홍보되어 다른 선박에도 공급할 기회가 주어지기 시작하였다. 특히 해양경찰청의 500톤급 경비정에 공급하였을 때에는 동종 선형이 다수 반복하여 공급될 것으로 판단하여 응찰가격을 낮춘 것이 보람이 있어 낙찰을 보았다. 당시 경쟁사는 오래도록 독점 납품하였던 일본 회사였는데 그 업체를 이긴 것이어서 쾌재를 불렀다. 그러나 이어지는 발주에서 유리한 입장이 되리라 생각하였던 것과 다르게 가격경쟁만 심화하는 결과가 되었다. 결과적으로 오랜 역사와 기술이 축적된 일본의 기업과 신생 기업인 수퍼센츄리가 힘겹게 겨루면서 시스템 공급가격을 경쟁적으로 하락시키는 결과로 상황이 바뀌었다.

당당한 기술 경쟁으로 대처하여야 하였다

수년이 지나는 동안 시스템의 공급가격은 최초 공급가격보다도 크게 하락하여 두 회사 모두 수익성을 기대할 수 없는 한계상황을 맞게 되었다. 이때 당당하게 기술경쟁력으로 원가절감에 노력하여야 하였는데 상대방의 응찰을 막을 방법은 없을지에 관심을 두는 잘못을 저질렀다. 우선 해군함정이나 해경함정인 경우는 안보상의 문제가 있으므로 국내기업만 응찰할 수 있도록 하자는 주장을 한 것이다. 응찰 자격이 국내기업으로 한정되면 더 쉽게 납품 기회를 잡을 수 있고 기업으로서 발전 계획을 세울 수 있을 것으로 기대하였기 때문이다. 그러나 얼마 지나지 않아 국내에서 응찰 기회를 잃어버린 일본 기업이 국내에 회사를 설립하고 영업활동에 나섰다.

신생 경쟁업체는 기술력을 가진 일본 기업이 탁월한 영업력을 가진 한국인 사원을 채용한 것이 실체였지만 법적으로 순수한 한국 업체라고 주장하였다. 새롭게 등장한 업체와 힘겹게 경쟁을 이어가면서도 계속하여 기상관측선, 어업지도선, 경비함, 해군정보함, 자원조사선, 환경조사선 등 총 38척의 선박에 장치를 공급하였다. 연구의 계기가 되었던 경비함에 국산 장비를 납품하여야 한다는 목표가 이루어져 총 18척의 경비함에 장비가 탑재되었으며 2016년 3월에는 5,000톤급 경비함 '이천함'이 취역하기로 예정되었다. 주로 조선소의 특수선사업 담당 부서에서 주관하는 중소형 선박이 대상이어서 현대중공업, 대우조선해양, 한진중공업, STX조선 등 세계 굴지의 조선소에 기술을 공급하였음이 자랑스러운 기억으로 남아 있다.

작은 성공 그리고 아쉬움

횡동요 감쇠장치를 공급하고 있는 수퍼센츄리는 매년 4월이면 주식배당을 하고 있으며 2015년 4월에도 수년째 253,800원의 주식배당을 하였다. 아마도 배당금을 누적하면 투자액의 1.5배를 넘어섰으니 투자로서 크게 성공을 거둔 셈이다. 생각해보면 횡동요 감쇠장치는 100여 년 전의 개념을 바탕으로 설계하는 장치로서 기술적 난이도는 높지 않은 편이다. 특수 목적의 중소형 선박에서 채택되고 있으나 시장 규모가 작아 국내에서 사업화되지 않았는데 이를 국산화에 나서서 이룬 성공인 것이다. 아마도 사업화라는 목적을 앞에 놓고 신중히 검토하였더라면 작은 시장에 뛰어들지 않았을 것으로 믿어진다. 그렇다고 하더라도 조선학을 공부한 공학도로서 우리의 경비함을 건조하며 일본의 기술을 빌어야 하는 것은 자존심의 문제라서 다시금 똑같은 상황에 부딪히면 같은 결정을 하였으리라 생각한다.

공학 기술자로서 아쉬움이 남는다면 연구과제를 수행하여 얻은 결과를 가지고도 설득력이 부족하여 원칙에 충실한 심사자가 이해하도록 설명하지 못함으로써 과제가 중단되었다는 점이다. 납품의 길이 열린 후에는 순수 기술로 경쟁하기보다는 제도적으로 경쟁사의 참여를 제한하려 하였던 것이 부끄러움으로 남는다. 아마도 기술로만 경쟁하려고 하였더라면 수퍼센츄리는 좀 더 일찍 차별화된 기술력을 확보할 수 있었으리라 생각한다. 그렇게 되었다면 일본의 업체가 기술을 지배하는 경쟁업체는 출현하지 못하였고 일부 경비함의 정보가 우회적으로나마 일본으로 넘어가는 것을 차단할 수 있었을 것이다. 1996년 연구에 참여한 이후 20년을 넘겼으니 이제는 기술을 해외로 공급하는 기회가 도래하기를 소망한다.

1960년대
1970년대
1980년대
1990년대
2000년대
2010년대

접어서 만드는 배를 짓다

1998년, 연구비 신청 기간이 다 지난 10월 갑작스럽게 해양수산부로부터 공문이 왔다. 신청자가 주제를 결정하여 신청하는 자유공모 연구과제에 응모하라는 공고였다. 연구비의 주제는 물론이고 액수에도 제한이 없으며 과제 심사에서 선정되면 연내에 연구를 착수하여야 하는 것이 유일한 조건이었다. 그때부터 과제를 새롭게 구상하고 계획서를 작성하여야 하였으니 응모하는 것 자체가 쉬운 일이 아니었다.

당시는 어업환경의 변화로 어선감척사업이 이어지고 있어서 출어(出漁)할 수 없게 된 영세한 어민들이 법의 저촉을 받지 않고 낚시 승객을 태울 수 있는 소형 낚시어선을 손쉽게 마련할 수 있도록 지원하는 사업이 진행되고 있었다. 이 사업을 도울 수 있는 과제라면 공모 목적에 부합하는 연구가 될 수 있으리라는 데 생각이

160

미쳤고 FRP(Fiberglass Reinforced Plastic: 유리섬유강화플라스틱)를 소재로 낚시어선을 쉽게 건조하는 방법을 연구과제로 신청해보자고 생각하였다.

FRP 선박에서는 배와 똑같은 모양의 형틀을 만들어야 하는 것이 선박 건조비를 상승시키는 요인이었다. 재단사가 옷을 만들 듯 배도 재단하여 접어서 만들 수 있다면 형틀을 만드는 과정을 대체할 수 있어서 배의 가격을 낮출 수 있을 뿐 아니라 건조 기간도 단축할 수 있으리라 생각하였다. 장차 낚시어선으로 발전시키는 것을 전제로 설계부터 건조와 운용 전 과정을 담아 연구 계획서를 만들기로 하였다.

미국은 2차 세계대전 당시 전시에 사용할 수송선을 신속하게 건조하는 것을 목적으로 선박의 표면 형상이 단순한 배수량 10,000톤의 리버티선형(Liberty 船型)을 개발하였는데 전개된 대로 철판을 재단한 후 단순히 굽히고 용접하는 것으로 규격화된 선박을 일관작업 하였다. 미국은 독일 잠수함의 공격으로 격침 당하는 수송선보다 더 많은 수의 수송선을 아주 빠르게 대량 건조하여 전략물자를 운반하여 연합군이 승전하는 데 일조하였다. 같은 방법을 사용한다면 생산성이 높은, 전개 재단이 가능한 형상으로 낚시어선을 설계할 수 있으리라 생각하여 연구 계획서를 준비하였다.

조선공학과는 서울대학교 개교와 동시에 개설되었으나 조선산업은 1960년대 후반에 이르러서야 현대화하였고 1970년대에 비로소 대형 선박을 건조할 수 있는 조선소가 건설되었다. 이후 30만

톤급의 초대형 유조선 건조를 계기로 설계기술을 축적하고 발전을 거듭하여 1993년에는 전 세계 발주 선박의 37.6퍼센트를 수주하는 세계 최대 조선국이 되었다. 그런데 연구비를 신청하는 연구 계획은 배수량이 5톤 미만인 선박을 대상으로 하고 고작 1940년대의 기술을 활용하는 것이어서 관심을 가진 연구자들을 규합하기가 쉽지 않았다. 어렵게 연구팀을 짜서 연구 계획서를 제출하고 과제 발표를 하여 과제 선정을 통보 받은 것이 1998년 12월 중순이었다. 그리고 1998년 12월 28일부터 2001년 12월 15일까지 3년간에 걸쳐 4억 2000만 원이라는 당시로는 매우 큰돈을 연구비로 배정 받았다. 갑작스럽게 연구비가 공모되었고 연말을 불과 3일 남긴 시점에 연구사업 계약이 체결되고 연구비가 배정된 이유를 당시로서는 헤아리기 어려웠으나 무척 운이 좋았다고만 생각하였다.

1940년대에 미국의 조선 기술자들이 개발한 전개재단이 가능한 선형과 우리나라 전통 어선의 형상도 참고하면서 낚시어선의 선형을 설계하였다. 계산과 실험을 거쳐 선형을 결정하고 모형을 두꺼운 종이에 전개재단 한 다음 이를 접고 붙여서 모형을 만들어보니 생각하던 선형이 얻어질 수 있을 것이라는 확신이 들었다. 곧 모형선의 표면을 몇 개의 평판 요소로 재단하고 이 요소들을 접어서 조립하면 배가 만들어지는 것이었다.

모형으로 만들어 보여주어도 보수적인 조선소들로서는 혁신적인 신공법을 받아들이려 하지 않았으므로 배를 지을 수 있는 기술임을 입증하여야 하였다. 부득이 학교 실험실과 인접한 건물 사이에 천막을 치고 실제로 배를 지을 수 있다는 것을 실증해 보이기로 하였다. 관악 캠퍼스에 미등록의 무허가 조선소를 차린 셈이다. 커다란 FRP판을 제작하고 그 위에 선체 외판을 전개하여 재단하고 선형을 형성할 수 있음을 증명하여야 하였다.

제작 가능성을 보이기 위한 것이었으므로 제작이 까다로운 선수부를 제작하기로 하고 작업을 하여 원하는 결과를 얻을 수 있었다. 비록 1.5톤 규모의 작은 어선에 불과하였으나 학교 실험실에서 실선 규모의 시험 건조를 통하여 실용성을 입증할 수 있었다. 소형 FRP조선소들을 대상으로 신공법을 사용한 시험선 건조를 의뢰할 조선소를 물색하였다. 드디어 낙동강가의 조그마한 FRP조선소의 관심을 끌어 어선을 준공하였고 물금에서 원동까지 낙동강을 거슬러 오르며 시운전을 마친 뒤 성공을 자축하였다.

2001년 말 연구 최종 보고서를 제출하였는데 해양수산부는 응모한 연구과제 중에서 우리 것을 최우수연구로 평가하였다. 1996년에 신설된 해양수산부로서는 실용성이 있는 연구 결과로 업적 홍보가 필요하였으므로 자료를 제출받아 국내외에 홍보하였다. 연구 과정을 통하여 얻은 성과는 국내외 발표 9건(국제학술지 발표 1건, 국내 학술지 발표 3건, 국제회의 발표 3건, 국내학술회의 발표 2건) 그리고 건조공법과 관련한 특허출원 3건 등의 성과를 거두었다.

여기에 더하여 해양수산부로부터는 2002년도 하반기부터 시작하는 신규 대형 장기 연구과제 수행을 제안 받았다. 몹시 영예로운 제안이었으나 연구 기간 중 정년이 도래하기에 연구과제를 맡을 수 있는 여건이 되지 못하였다. 후속 연구를 수행하고 싶었지만 실용성이 돋보였음에도 젊은 연구자들은 좀 더 새로운 동향에 맞는 연구에 관심을 두었으므로 연구자를 확보하지 못하였고 실질적으로 종결하여야 하였다.

퇴임 후 어느 날, 한일어업협정 관련 자료를 보다가 1965년부터 유지되던 우리나라의 어업수역이 1999년 1월 22일부터 바뀌었으며 이때 우리나라가 배타적 어업수역으로 지배하던 독도 주위의 수역이 한일 공동수역으로 달라진 것을 알게 되었다. 까마귀 날자 배 떨어진다고 하였던가. 연구비를 받았던 시기가 신어업협정이 발효되던 시기였던 셈이다. 후속 연구로 산업화를 꿈꾸었으나 FRP 선박의 폐선에 따른 환경문제도 제기되었고 지원하던 해양수산부마저 2008년 2월 28일 폐지되어 연구가 끊기고 말았다(해양수산부는 2013년 3월 23일에 재설치 되었다).

얼마 전 건착망(巾着網)어선의 투망 효과를 알아볼 수 있는 실험장치 설계에 관해 자문을 요청 받았는데 혹 나중에는 새로운 연구를 수행하자는 제안이 오지 않을까? 그때면 내 나이 80을 바라보는데 연구 활동에 욕심을 내도 될 일일까? 제안이 왔을 때 내게 그 일을 수행할 수 있는 건강과 능력이 남아 있을까? 상상의 나래를 펼쳐본다.

1960년대

1970년대

1980년대

1990년대

2000년대

2010년대

초대형 유조선과 손으로 쓴 명함

1993년 선박 수주 통계를 보면 대우조선은 12척의 선박을 건조하고 57척을 수주하여 해당 연도 수주량이 세계 1위를 기록하였다. 선박 건조량도 지속해서 성장하여 1996년에는 200만GT(Gross Tonnage: 총 톤수) 이상을 기록하였으며 수주잔량도 충분하여 1998년에는 458만GT를 확보하고 있었다. 기술적으로는 전투함과 구축함을 해외에 수출하였고 6,000미터 깊이까지 잠수하는 심해잠수정 그리고 액화천연가스 운반선 건조 등으로 기술력을 축적하고 있었다. 대우조선은 조선 지표와 기술력으로 보면 건실한 조선소여야 하였으나 회계 처리 문제로 경영 위기를 맞고 있었다.

1998년 새로이 들어선 정부에서는 IMF경제위기를 극복하기 위하여 금융긴축과 기업구조조정 정책을 펼친 바 있다. 이 과정에서 대우조선은 이란으로부터 어렵게 수주한 초대형 유조선 8척의 은행 환급보증을 받지 못하여 계약 체결에 실패하였다. 발주처는 선박 수급 계획의 차질을 피할 목적으로 4척씩 나누어 재발주 하였는데 4척은 국내의 조선소가 수주하였으나 나머지 4척은 중국의 조선소에 기회가 주어졌다. 발주처에서는 중국 조선소에도 같은 설계로 선박을 건조할 것을 조건으로 제시하였는데 자체 설계도서가 없던 중국 조선소는 설계도서 구매가 가능하리라 판단하고 응찰한 것이었다.

중국의 조선소는 대우조선과 도면 공급을 협상하였으나 실패하였고 선행하여 4척을 수주한 조선소도 중국이 경쟁자로 자리 잡는 것이 바람직하지 않다고 보아 협상에 응하지 않았다. 결국 중국 조선소는 선주에게 자체 설계로 선박을 건조하는 것을 승인 받고자 하였다. 선주는 신생인 중국 조선소의 설계 능력을 신뢰할 수 없어 한국에서 설계할 것을 주장하였고 이에 따라 중국 조선소는 한국의 선박설계 용역회사에 설계를 의뢰하였다. 설계용역회사는 주로 중소형 선박의 설계를 담당하던 곳이었는데 선박의 성능 평가를 서울대학교 선형시험수조에서 수행하며 공동으로 선형을 개발하자고 제안하였다.

서울대학교의 선형시험수조는 길이가 110미터이고 폭이 8미터 그리고 깊이가 3.5미터여서 정상적인 실험에서는 모형선의 길이를 3.5미터 이하로 잡아야 하였다. 이는 모형선을 실선의 100분의 1 정도로 제한하므로 배수량을 기준으로 하면 1,000,000분의 1의 모형을 사용하는 결과가 된다. 따라서 모형선에서 힘을 정교하고 섬세하게 계측하여야 하므로 대학의 시설로 대형 유조선 실험에 도전하는 것이 결심하기 어려운 일이었다. 그렇다고 하더라도 국내의 선형시험수조 시설들이 공동연구를 수행하며 미국 해군연구소의 실험 결과에 견주어도 손색없는 결과를 1987년 국제선형시험수조회의에서 발표하였기에 실험에 도전할 수 있었다.

대학의 시설 규모는 초대형 유조선의 실험 목적에 부족한 점이 많아 정성 들여 세심하게 정밀측정을 하더라도 신뢰할 수 있으려면 검증이 필요하였다. 부분적으로 선형을 변화시킨 3척의 모형선을 선형시험수조에서 검증하고 핵심적인 실험 몇 가지를 대형 시설에서 검증하여 비교하기로 하고 선형 개발에 공동으로 착수하였다. 선수(船首) 선형에 변화를 주어 3척의 모형선을 제작하고 선형시험수조에서 예인 실험하여 선수의 형상 변화와 저항 변화의 관계를 알아보았다. 3척에 불과한 모형으로 체계적인 상관관계는 밝힐 수 없었으나 모형선의 우열은 분명히 확인할 수 있었다.

모형선을 예인하며 모형에 작용하는 저항을 알아보는 저항시험(抵抗試驗) 결과의 신뢰도를 확인하기 위하여 스웨덴 굴지의 선박연구기관인 SSPA의 선형시험수조(길이 260m × 폭 10m × 깊이 5m)에 의뢰하여 성능이 우수한 모형선 한 척을 실험하였다. 상업용 대형 시설에서 대형 모형선을 사용한 결과와 비교하였을 때 대학 실험실에서도 최선을 다하여 성실하게 시험하면 정성적(定性的)으로 타당한 결과가 얻어질 뿐 아니라 허용오차 범위 안에서 정량적(定量的)으로도 상당한 신뢰도가 있다고 판단하였다. 또한 모형선에 프로펠러를 달고 프로펠러의 추진력으로 추진 성능을 조사하는 자항시험(自航試驗)을 수행하여 추진 성능의 우열을 비교하였는데 저항 성능의 우열과는 다르다는 것을 알 수 있었다.

추진 성능까지를 고려하면 차선의 선박이지만 저항 성능은 가장 우수하다고 판단한 선형을 중국 조선소에 설계 결과로 보고하면서 해외의 저명 시설에서 검증되었음을 통보하였다. 설계 기일이 닥쳐왔고 저항 성능은 알려진 초대형 유조선의 성능과 비견하였으므로 우선 보고하되 추진 성능 변화는 좀 더 세심하게 검토하기로 하였다. 프로펠러는 유입되는 물의 흐름이 균일한 조건에서 설계되지만 실제 배에서는 물이 배의 표면을 따라 유입되며 선형의 영향으로 불균일하게 변화한 흐름 속에서 사용되므로 프로펠러의 추진 성능이 변화한다. 자항시험 결과에서는 어떤 이유에서인지 추진 성능이 개선되었는데 그 원인이 프로펠러로 유입되는 물의 흐름 속에 있으리라 생각하여 속도분포를 조사하고 성능 개선의 원인을 알아보려 하였다.

중국의 조선소는 이란의 선주에게 설계된 선형과 실험 결과를 보고하였으며 선주는 보유하고 있는 초대형 유조선의 성능이나 같은 시기에 발주한 자매선의 성능과 비교하여 우수하다고 판단하였다. 중국 조선소가 선박 건조를 위하여 각종 기자재를 발주하자 자연스럽게 한국의 설계용역회사의 설계도서로 중국 조선소가 이란 선주에게 초대형 유조선을 공급한다고 소문이 나기 시작하였다. 결과적으로 가장 우수한 선형을 보고한 것이 아니었음에도 성공적 설계로 평가되었으나 학교로서는 저항 성능이 나빴던 선박의 추진 성능이 오히려 좋아지는 원인을 밝히려 선미 유동(船尾流動)을 조사하는 후속 연구를 진행하였다.

연구를 수행하던 당시에는 실험실의 전산 환경이 충분치 못하여 실험적 방법으로 선미 유동을 조사하여 프로펠러로 유입되는 물 흐름의 속도분포를 조사하였다. 그런 다음 속도분포의 차이가 추진 성능 향상에 영향을 준다고 판단하였다. 선박의 프로펠러는 축을 중심으로 회전하며 물을 뒤쪽으로 밀어내어 선박을 앞쪽으로 나아가게 하는데 프로펠러를 지난 물은 회전하며 뒤로 밀려 나가게 된다. 이때 회전하는 유동은 배를 앞으로 나아가도록 하는 데 아무런 도움이 되지 않으므로 프로펠러로 흘러드는 유동에 미리 반대 방향으로 회전하는 성분이 발생하도록 날개를 달아주는 것을 생각하였다.

프로펠러 앞쪽에 두 개의 날개를 12도 각도로 서로 반대 방향으로 붙여주어 프로펠러 회전과 반대 방향의 회전 성분을 발생시키자 프로펠러를 지난 흐름의 회전 성분이 줄어들며 1.2퍼센트의 에너지 절감 효과가 나타나는 것을 확인할 수 있었다. 2000년 하반기에는 5600TEU(twenty-foot equivalent unit; 20피트 길이의 컨테이너 크기를 부르는 단위)급 컨테이너선의 선형을 개발하였는데 앞서의 경험을 살려 선미 유동의 개선을 위한 부가장치를 붙여 우수한 선형을 개발하였다. 선형 개발에서 얻어진 연구 결과를 정리하여 '저속 비대선용 전류고정 날개'를 특허출원 하였다. 그리고 3편의 논문을 작성하여 대한조선학회 춘계·추계 학술회의와 국제회의 (PRADS' 2001)에서 발표하였다.

2000년 봄, 선형 개발 연구를 종료하고 중국 조선소에 설계도서를 전달한 후 선형 개발에 사용하던 모형선의 추진 성능 향상을 위하여 선미 부분에 프로펠러로 유입되는 유동을 개선할 수 있는 부가장치를 개발하려고 한참 동안 실험에 몰두하고 있던 시기였다. 전혀 만난 일이 없던 손님이 찾아왔는데 선형 개발에 관하여 알고 싶다며 용역을 의뢰할 때의 조건과 신뢰할 수 있는 결과를 보장할 수 있는지를 물어왔다. 그사이 실험실의 역량이 소문이 나 새로운 고객이 나타난 것 아닌가 생각하여 연구 성과를 언급하며 '저속 비대선용 전류고정 날개'라는 제목으로 특허출원을 준비한다고 자랑하였다.

손님이 모형과 실험 내용 설명을 요청하기에 실험실에서 모형선을 앞에 놓고 질문자가 조선학에 전혀 문외한인 것도 깨닫지 못한 채 장황하게 설명하였다. 연구실로 돌아와서는 차를 마시며 이야기를 나누었는데 방문 목적은 선형 개발이 실제로 이루어졌는지를 확인하기 위한 것이라고 하였다. 중국에서 건조하는 초대형 유조선의 설계도서가 대기업의 설계도서를 부정하게 유출한 것이라는 제보가 국정원에 들어와 수사가 시작되었다는 것이었다. 설계용역회사부터 수사에 착수하였는데 혐의 사실이 없다고 판단하였으며 대학을 찾은 것은 형식상 확인 절차였으나 조선학 지식을 배우는 기회가 되었다고 하였다.

설계용역회사에서는 선박 설계도서를 꾸미며 사용 가능한 모든 기자재를 국산으로 표기하여 국산 기자재를 공급하는 기회를 만들었고 대학에서는 정밀 계측으로 훌륭한 결과를 얻었는데 차선의 결과가 중국에 공급되었다는 사실을 알게 되었다고 하였다. 그뿐만 아니라 후속하여서도 연구를 지속하여 발전된 설계가 얻어지는 것을 확인하였다며 비대선 선형과 관련하여 어려움이 있으면 연락하라면서 백지 명함을 꺼내더니 만년필로 이름 세 글자와 전화번호를 적어주었다. 정년으로 퇴임하기까지 손으로 쓴 명함을 사용할 기회는 오지 않았으나 실험실에서 이룬 성과는 국내 조선소들에 프로펠러 유동 개선 연구를 활발하게 수행하도록 하는 자극제가 되었다고 생각한다.

1960년대

1970년대

1980년대

1990년대

2000년대

2010년대

수면 위를 나는 배와
준마처럼 달리는 배

1959년, 조선항공학과로 입학하여 공통 교과목을 수강하며 한 해를 보내고 이듬해 4·19라는 격동기를 지나며 여름방학을 맞이할 때쯤 선배들로부터 배를 만드는 일에 참여하지 않겠느냐는 제안을 받았다. 김정훈 교수가 설계하여 건조하고 있던 고속정은 대간첩작전을 담당하는 부대였던 육군 특무부대의 연구비 지원으로 북한에서 남파되는 공작선을 나포하는 데 사용하기 위하여 개발하는 선박이었다. 실제 사용을 목적으로 한 수중익선(水中翼船)으로서 세계적으로도 첨단 선박에 속하는 배였기에 참여 학생들 모두에게 무척이나 자부심을 불러일으키는 것이었다.

시간이 날 때마다 작업장을 찾아 선박을 건조하는 일에 참여하며 선배들의 일을 도왔는데 1961년 군에 입대하여야 하였기에 선박의 진수에는 참여하지 못하였다. 후일 학교에 남아서 작업에 끝

172

까지 참여하였던 동료들로부터, 건조한 배를 운반하여 크레인으로 한강에 진수하는 과정에서 수중익이 손상되어 만족할 만한 성능을 내지 못하였음을 들을 수 있었다.

안타까운 것은 4·19 이후 새로운 정부가 들어서며 육군 특무부대의 조직개편 등으로 연구사업을 중단하였다는 점이다. 뿐만 아니라 진수하여 시험하려던 선박은 학교로 되돌아왔으나 개선할 기회는 오지 않았다. 결국 제대하여 복학하였을 때 5호관 실험실 바깥에 세워져 있던 선박을 다시 손볼 기회는 나에게도 끝내 오지 않았다. 개발을 담당했던 김정훈 교수는 장기 해외체류 중에 교수직을 사임하셨고 주인을 잃은 수중익선은 1967년 폐기처분 되었다. 다만 수중익선에 달렸던 프로펠러만이 현재 42동 실험실에 유물로 남아 있을 뿐이다.

고속정 개발업무는 4·19 이후 학생 특수체육의 일환으로 조정경기와 모터보트경기가 경기종목으로 선정되면서 맥이 이어졌으며 해군은 학과에서 개발한 모터보트로 한강에서 학생들을 훈련하였다. 수중익선 연구는 진해 해군공창 주관으로 다시금 수행되었고 1969년 21노트의 속도에서 선체를 공기 중으로 부상시키는 데 성공하였다. 하지만 무장 탑재 효율이 문제 되어 개발업무는 중단되었으며 그것을 끝으로 젊은 조선공학도의 가슴을 설레게 하던 물 위로 나는 배는 잊어야만 하였다.

1970년 전임강사로 발령을 받아 용접과목을 담당하고 있다가 김재근 교수께서 설계한 해양경찰청의 고속경비정 건조에 필요한 선체용 알루미늄의 용접 연구에 참여하는 기회를 얻어 진해 해군 공창을 찾아 여름방학을 보내며 실험에 전념한 일이 있었다. 임상전 교수와 황종흘 교수 그리고 김극천 교수께서는 선박연구소가 주관하는 해군의 고속경비함 개발에 참여하였다. 경비함은 무장 탑재가 유리한 활주선형(滑走船型)으로 설계되었으며 소형 고속정에서 시작한 사업이 중형 유도탄 고속정으로 점차 발전하였다. 건조된 고속선은 태국 해군에 수출까지 되었는데 당시 수행하였던 알루미늄 용접기술 연구가 간접적으로나마 고속선 발전에 기여하였으리라 믿고 있다.

1983년에 새로운 선형시험수조를 관악 캠퍼스에 준공하였고 이를 정상적으로 자리 잡도록 하는 노력이 이어졌다. 1990년대에 들어서며 국제적으로 인정받는 시설로 완전히 자리 잡았으나 고속선 설계 자체에는 실험실을 충분히 활용하지 못하고 있었다. 또한 당시 조선산업은 대기업이 주도하는 숙성산업이라서 연구비 지원이 불필요하다는 과학기술부의 정책으로 연구비가 줄고 있었다.

1994년 대한조선학회 회장으로 선출되었을 무렵에는 우리나라 조선 전반의 연구개발 체제에 관심을 갖고 사업 수익의 일정 부분을 조선 분야의 기술개발에 의무적으로 투입하고 있는 일본의 경정경기제도를 준용한 연구비 재원으로 개발 가능성을 살펴보았다. 경정경기제도를 국내에 도입할 수 있다면 새로운 선박 연구비 재원을 마련할 수 있으리라 판단하였다. 그러기 위하여서는 경정경기에 사용할 수 있는 소형 고속선이 준비되어 있어야 하였다.

1996년 일본 히로시마대학의 나카토 미치오 교수의 도움으로 일본에서 개최되고 있는 경정경기 그리고 인력선경기와 관련한 자료를 접하였고 상세한 기술정보를 확보하였기에 실험실에서 고속선을 개발하기로 계획하였다. 다소 좁고 길면서 배 밑바닥에 공기를 가두어 물과 선체 사이의 접촉 면적을 최소화함으로써 배의 저항을 줄여주는 공기윤활방식의 선형을 FRP(유리섬유강화플라스틱)로 설계 개발하였으며 폭이 넓고 조종 성능이 우수한 선형을 목재로 설계 개발하였다.

두 종류의 선박이 모두 상당한 속도를 내었으나 경정경기용으로는 목재선형으로 제작한 선형이 선회 성능과 순위 경쟁에 적응성이 높아 경기에 박진감을 높여주리라 판단하였다. 소형 고속정은 길이가 2.9미터이고 폭은 1.32미터로 설계하였으며 선수의 체중조차도 선박의 속도에 영향을 주므로 일본 경정선수들의 평균 체중을 참고하여 만재 배수량을 186킬로그램으로 결정하였다. 30마력짜리 선외기를 달고 시운전하여 40.17노트(74.4km/hr)의 속도를 달성하는 데 성공하였다. 학생 때 꿈꾸던 수면 위를 나는 수중익선은 아니었으나 실험실에서 만든 고속 모터보트가 경마장의 준마처럼 경정경기장에서 달리는 것이 꿈이 아닌 현실로 다가왔다.

졸업생을 중심으로 어드밴스드 마린테크라는 벤처기업이 만들어졌고 진주의 대동기계와 협력하여 경정에 사용할 선외기의 생산을 준비하였다. 또한 조달청이 시행한 공개경쟁입찰에 참가하여 신생기업이지만 경정경기용 고속선을 납품하는 기회를 잡았다.

2001년 말, 어드밴스드 마린테크는 실험실에서 설계한 경기정 100척을 제품화하여 국민체육진흥공단 경정경륜사업본부에 일시 납품하는 큰 성공을 이루었다. 학생 시절 고속선 시험 건조에 참여하여 꿈꾸던 일이 정확히 40년이 지나 사업화에 성공한 것이었다. 미래를 믿었기에 상당 액수의 투자에도 용기를 내어 주주의 한 사람이 되었으며 개발에 함께하였던 모두가 몹시 고취되어 투자에 동참하였다.

꿈은 이루어진다고 했던가. 우리의 실험실에서 잉태된 고속 모터보트가 경정경기장의 경기정이 되어 흙먼지 대신 시원한 물살을 가르며 준마처럼 달리는 모습은 언제 보아도 가슴 후련하다. 우리 손으로 만든 준마들의 질주를 보고 있노라면 그리고 경기장에 울려 퍼지는 경정용 선외기에서 뿜어 나오는 포효와 같은 엔진 소리가 가슴에 부딪쳐 공명을 일으킬 때면 가슴으로 퍼지는 흥분을 금할 수 없다. 오래도록 배 만드는 꿈을 꾸어온 공학도로서 설계한 경정경기정을 세계 최고의 경정보트로 발전시키고 어드밴스드 마린테크를 세계의 기업으로 키우겠다는 무모한 꿈을 새로이 품게 되었다.

1960년대
1970년대
1980년대
1990년대
2000년대
2010년대

민첩한 비대선

2000년대 초반, 생각지 못한 기회가 주어져 대학의 실험실에서 실제로 건조할 초대형 유조선의 저항 추진 성능을 규명하기 위한 실험적 연구에 많은 시간을 보내고 있던 때였다. 초대형 유조선은 운항 지역의 조건에 따라 물에 잠기는 깊이가 정하여지고 운하나 수로의 폭이 선박의 폭을 결정하며 배를 댈 수 있는 부두의 조건에 따라 길이가 정하여진다. 이란의 해운회사가 초대형 유조선의 겉보기 치수를 길이 325.5미터, 폭 58미터, 깊이 31미터로 하여 발주하였는데 20.8미터까지 잠기도록 원유를 적재하였을 때 배수량이 300,000톤 이상이고 15.5노트로 운항하는 것을 설계 목표로 제시하였다.

초대형 유조선의 겉보기 치수와 속도는 원유 생산지와 수요처를 연결하는 해운 환경에 따라 쉽게 결정되나 상세한 선체 형상은 조선 기술자의 섬세한 손끝에서 결정된다. 선박의 모형을 손으로 쓰다듬어보았을 때 부드럽고 무리한 곳이 느껴지지 않으면 선체를 스치며 지나는 물의 흐름도 원활하리라는 것을 쉽게 짐작할 수 있다. 조선 기술자에게 대리석 덩어리에 숨겨진 비너스 상을 찾아내는 예술가의 심미안이 있을 때 비로소 물속에 잠겨 잘 보이지 않으나 물의 흐름이 원활하여 저항이 적을 뿐 아니라 아름답고 합리적인 배의 형상을 겉보기 치수 안에서 찾아낼 수 있는 것이다.

학교 실험실에서 다듬어 초대형 유조선이 물에 잠기는 부분의 형상을 결정하였는데 발주자가 요구한 성능을 만족하였으며 실제 운항 중인 기존의 유조선의 성능과 비교하여도 충분한 경쟁력이 있는 선형이라 판단하였다. 새로이 개발한 초대형 유조선은 20.8미터까지 잠기도록 원유를 적재하였을 때 배수량이 314,200톤이었다. 실험실에서 계측한 값으로부터 추정하여 32,000hp(horse power, 마력)의 선박용 추진기관을 선정하면 프로펠러가 선체 주위의 물을 끌어들여 가속하여 선체 후방으로 밀어내며 선박을 선주가 지정한 속도보다 조금 빠른 15.6노트로 운항할 수 있다고 판단하였다.

프로펠러를 설계할 때 통상적으로 물에 잠기는 선체 깊이의 3분의 2 정도를 프로펠러 직경으로 사용하는데 프로펠러를 주조할 수 있는 최대 크기와 공작기계를 가공하는 능력의 제한이 있어 프로펠러의 직경을 9.8미터로 결정하여야만 하였다. 선정한 선박용 디젤기관은 연속최대출력이 32,000hp로서 정격회전속도가 분당 78회전이므로 매우 느리게 회전하나 직경이 9.8미터여서 프로펠러의 날개 끝은 약 40m/s의 빠른 속도로 물살을 가르며 물을 뒤쪽으로 밀어낸다. 프로펠러가 물을 10m/s의 속도로 밀어내면 배수량이 314,200톤 선박은 조금 느려진 속도인 8m/s의 속도로 전진하도록 계획한 것이었다.

실험실에서 개발한 선형이 선주가 요구하였던 300,000톤보다 14,200톤을 더 적재하면서 속도도 조금 더 빠른 15.6노트로 운항할 수 있음이 확인되자 자연스럽게 후속하여 선형 개발 연구의 기회가 주어졌다. 당시로서는 큰 규모인 5,600TEU(Twenty-foot Equivalent Unit; 길이가 20피트인 컨테이너를 가리키는 단위)급 컨테이너선의 선형 개발에도 함께 참여하였다. 저속 비대선(低速肥大船)인 초대형 유조선과 고속선에 속하는 컨테이너선의 선형을 개발하면서 선체를 스치고 지나는 유동을 계측하여 추진 성능을 향상시키는 부가 장치를 연구하였는데 자연스럽게 선박의 조종 성능을 결정하는 선박용 타 장치에도 관심을 두었다.

선박의 타(舵)란 배 후방에 수직 방향으로 설치하는 날개로서 날개를 돌려주면 물의 흐름으로부터 양력(揚力)을 받아 선박의 진행 방향을 바꾸어주는 조종 장치이다. 선박이 작고 프로펠러도 작을 때에는 별 문제가 없었으나 선박이 커지고 속도가 빨라지면서 대형 컨테이너선에서 타 장치가 부식되는 새로운 문제가 대두되었다. 프로펠러 날개가 고속으로 물을 자를 때 물속에 생긴 거품 덩어리가 프로펠러 뒤쪽으로 흘러나와 타에 부딪히며 충격을 주거나 프로펠러 후류(後流) 속에서 타각(舵角)에 따른 압력 변화가 타에 부식을 일으키는 문제가 나타나기 시작한 것이다.

이 때문에 선체를 스치고 지나는 물의 흐름이 프로펠러로 들어서면서 선박의 추진 성능을 지배하는 데 대하여 관심을 가질 수 있었고 프로펠러 후류에 놓이는 타에도 주의를 기울이게 되었다. 특히 타의 부식으로 인한 손상 문제는 컨테이너선의 대형화를 가로막는 문제여서 주요 선박연구기관들 사이에는 당면 연구과제로 떠올랐다. 자연스럽게 타에 유입되는 유동과 타의 인접 흐름을 제어하면 효율 향상이 이루어질 뿐 아니라 타의 부식 문제도 해결할 수 있음을 알게 되었다. 이 과정에서 타의 성능을 향상시킬 수 있는 문제와 관련하여 16편의 논문을 발표하였으며 3건의 특허를 출원하였다.

초대형 유조선의 운항을 생각하면 배수량 314,200톤의 선박을 프로펠러에서 발생하는 추력으로 뒤에서 밀어줄 때 타는 선박의 방향 안정성을 지키면서 필요에 따라 원하는 방향으로 전환하도록 하는 역할을 한다. 동아시아지역으로 운항하는 초대형 유조선은 말라카해협을 통과하여야 하는데 수심이 25미터 이상 확보되는 해협의 폭은 가장 좁은 곳이 2.8킬로미터에 불과하다. 따라서 번잡한 말라카해협을 운항하는 유조선이 예인선의 도움을 받지 않고 안전하게 이 지역에서 운항하려면 우수한 직진 안정성을 가져야 하는 동시에 민첩한 조종성을 가져야 한다.

고성능의 타 장치를 연구하였던 것은 컨테이너선이 대형화하며 새롭게 나타난 타 손상 문제를 해결하기 위함이었다. 하지만 타의 성능이 획기적으로 개선되는 것을 확인하고 이를 초대형 유조선에 장착하면 초대형 유조선의 조종성 문제를 해결하는 수단이 되리라 생각하였다. 실험실에서 다듬어진 초대형 유조선 모형선을 제작하고 새로이 고안한 고성능 타를 장착한 후 경기가 없는 날 경기장 시설을 빌려 무선 송수신으로 자동 운항하며 선회 시험을 수행하였다. 그리고 경정경기장의 경기 판정 관측탑에서 모형선의 항적을 영상으로 기록하여 획기적인 조종 성능 향상이 이루어짐을 확인하였다. 통상의 유조선이 선회할 때 배 길이의 4.4배에 해당하는 원 직경이 필요하였는데 새로운 타 장치를 장착하면 선회 원 직경이 모형 길이의 2.9배로 줄어들어 매우 민첩한 조종이 가능하게 되는 것이다.

컨테이너선에서 발생하는 타의 손상 문제에서 시작된 연구였으나 이를 초대형 유조선에 적용함으로써 민첩성이라는 획기적인 성과를 얻을 수 있었으며 국제회의에 발표하여 찬사를 받았다. 이 기술은 속도가 느리고 비대한 선박의 성능을 개선하는 것뿐 아니라 특정 항로를 지나는 해운시장의 운항 질서에도 변화를 주게 될 것이었다. 그러나 연구 성과가 확인된 2004년에는 조선 경기가 활황이어서 전 세계 수주량이 7,000만 톤이었고 건조량은 4,000만 톤에 이르렀기에 초대형선의 선박 확보가 관심사였을 뿐 어렵게 성공한 선박의 조종 성능 개선은 해운업계에서 그다지 주목을 받지 못하였다.

비대한 선박을 민첩한 선박으로 바꿀 수 있는 타 장치의 효용 가치를 믿었기에 2006년 봄 학기에 정년 퇴임 한 후 인하대학교 정석물류통상연구원 연구교수로 근무하면서 6년간 선박의 운항 성능을 지배하는 주요 요소인 타 장치와 관련한 연구 활동을 지속하여 2012년까지 35편의 논문과 9건의 특허를 출원하였다. 이 연구 결과는 잠수함이 노출되지 않고 느린 속도로 정숙 운항할 때 조종 성능을 확보할 수 있는 획기적인 방법이 되리라 믿고 있으며 젊음이 돌아와 잠수함의 성능을 향상시키는 연구 활동을 이어가는 상상을 해본다.

1960년대
1970년대
1980년대
1990년대
2000년대
2010년대

경정보트,
세계적 수준으로 발전하다

경정(競艇, 경기장에서 정해진 경주용 보트로 경마와 같이 순위를 정하는 모터보트 경주)사업은 일본에서 1952년에 모터보트경주법을 제정한 데서 비롯된 것으로 1955년부터 인기를 끌기 시작하면서 발전하였 다. 1975년에는 일본에서 최고의 인기를 누리는 공영경기가 되었 으며 현재는 19개 경정경기장이 운영되고 있다. 우리의 경마사업 과 미루어 짐작하건대 매년 10조 원 이상의 수익을 올렸으리라 생 각된다. 수익금의 상당 부분을 기술개발에 투입하여 전쟁 중 철저 하게 파괴된 조선공업을 복원하였는데 이는 일본 경제부흥의 원 동력이 되었다.

우리나라에서도 산업 발전의 동력으로 삼기 위한 재원으로 경 정사업을 주목하기도 하였으나 경기 운영에 따르는 사행성이 문 제 되어 법제화가 미루어졌다. 그러다가 올림픽경기 후 조성된 올림픽 벨로드롬과 조정경기장을 활용해야 한다는 논리를 내세워 1991년 12월에 경정경륜법을 제정함으로써 경정사업의 근거가 마련되었다. 법령 제정 이후 올림픽 벨로드롬을 경륜경기장으로 즉시 활용할 수 있었고 외국산 자전거를 활용하였기에 준비 기간이 단축되어 경정경기보다 앞서서 1994년에 경륜경기를 시작할 수 있었다.

이에 비하여 경정경기를 수행하려면 경정경기장과 경정보트가 필요하였고 실제 경기에 출전할 선수층도 충분하지 못하여 준비 기간이 요구되었다. 1999년에 비로소 경정준비단이 발족하였는데 미사리 조정경기장 일부에 경정경기장을 착공하고 경정 보트는 2000년에 발주하기로 계획하였다. 경정사업에 관심을 가지고 있던 사람들은 경기를 위하여 이미 일본에서 오랜 기간 경기용으로 다듬어진 경정보트 완성품을 도입하자는 의견을 많이 내놓았다.

하지만 우리나라 조선 기술이 세계적 수준에 이르러 있었기에 경정보트는 국산화하여야 한다는 의견이 받아들여져 국산화로 결정되었다. 조선학을 공부한 공학도로서 자존심을 지키기 위하여 경정경기에 사용할 경정보트의 설계 개발에 뛰어들어 학과의 실험실인 선형시험수조(42동)에서 고속정 1호 시험선을 일본의 자료를 참고하여 설계 개발하는 데 성공하였다. 개발된 고속정 1호 시험선은 경정선수 1인이 승선할 수 있는 배수량 117킬로그램의 소형 선박으로 미사리 경정경기장에 전시되어 있다.

이를 바탕으로 어드밴스드 마린테크가 경정보트를 완성하였으며 대동기계와 협력하여 경기용 모터보트에 장착할 2행정 선외기를 개발하여 2001년 말 경정 운영본부에 상당수의 경정보트를 납품하는 데 성공하였다. 경정보트 선체가 100퍼센트 국산화되었고 엔진 부품의 72퍼센트를 국산화한 것이다. 이러한 성과는 일본의 경정보트를 도입, 사용하자는 의견을 극복하고 단기간에 이룬 성과여서 개발에 참여한 모두가 흥분하였다. 뒤를 이어 2002년 1월에 미사리에 경정경기장이 준공되었고 2002년 6월 18일 개장을 예정하고 있었다.

새로이 납품 받은 경정보트를 사용하여 경정선수들을 상당 기간 훈련시키며 경정사업 개장을 준비하던 경정 운영본부는 끊임없이 경정보트의 개선을 요청하여왔다. 경정보트를 개발하면서 경기의 특성을 확실하게 이해하지 못하여 소홀히 생각한 요소들이 경정보트 성능에 중요하다는 것을 뒤늦게 깨우치는 일도 흔하였다. 경정경기에서는 6척의 경정보트가 순위를 다투는데 출전하는 경정선수 6명의 승률, 사용할 경정보트 6척의 경기 성적 그리고 6대의 엔진의 경기 성적을 경기에 앞서서 공개하고 추첨으로 이들의 조합을 결정한 후 경기를 진행하는 방식을 택하고 있다.

실제로 경정경기에서 순위는 선수의 기량에 의하여서만 결정되는 것이 아니라 경정보트의 상태와 모터의 상태에 따라서도 결정되었다. 당연하지만 경정경기에 사용되는 경정보트는 품질이 균일하여 어느 경정보트를 사용하여도 대등한 성능이 보장되어야 하였고 경정보트를 추진하는 데 사용하는 엔진과 추진기도 성능이 균일하여야 하였다. 충분히 고른 품질의 경정보트를 제작하였다고 생각하였으나 시간이 지나면 경정보트와 경기용 엔진의 우열이 나타나곤 하였는데 이는 경정경기의 흥미를 떨어뜨리는 요인이 되었다.

경정경기는 600미터 코스를 2 또는 3 바퀴를 돌아 순위를 결정하는 경기이다. 따라서 개발한 경정보트는 75km/h의 속력을 가지므로 실제 경기에 소요되는 시간은 90초에서 120초 정도에 불과하다. 속도를 높이는 것도 중요하지만 관객의 흥미를 끌 수 있는 것은 경기 중 순위의 변동이 일어날 때 느끼는 박진감이었으므로 선회 성능을 향상시키는 것이 무엇보다 중요한 사항이 되었다. 경정경기에서 반환점을 도는 선수의 조종 기술과 선체의 적응성이 경기 중 순위 변경을 가져올 수 있는 주요 요소로 나타났다. 경정보트로서 성능을 인정받으려면 75km/h (40.5knots)의 높은 속도와 우수한 조종 기능이 필요하였다. 조종 기능은 선체 중량과 경기 중 선수의 자세 변화로 인한 미소한 중심 변화조차도 경기 성적에 직접적으로 영향을 줄 만큼 매우 중요하다는 것도 확인하였다.

경정보트를 최상급의 내수 합판을 사용하여 제작하고 충분한 방수도장을 한 상태에서 중량을 확인한 후 납품하였는데도 경정보트에 중량 변화가 나타났다. 경기에서 경정보트끼리 접촉을 일으키는 일이 흔하였으며 75km/h(20.8m/s)의 속도로 앞선 배가 만든 파도를 자르며 운행할 때 충격력을 받곤 하였다. 이때의 충격으로 선체의 도막에 작은 균열이 발생하고 이곳으로 물이 스며들어 선체

중량이 증가하는 것으로 드러났다. 경정보트 엔진이 일으키는 소음은 관객에게는 흥분을 불러일으키는 중요 요소였으나 주변 주민들로부터는 민원이 되어 돌아왔다.

이와 같은 크고 작은 문제점들을 해결하기 위하여 어드밴스드 마린테크는 품질개량에 힘썼고 경정사업단은 서울대학교 공학연구소와 협력 체제를 구축하여 산학협동 산업발전 T/F팀을 운영하며 선체와 엔진의 품질 향상에 노력하였다. 그리고 마침내 선형과 엔진을 개량하여 공급하였는데 2007년에는 5번째의 개량형 엔진과 11번째의 개량형 경정보트가 얻어졌다. 이 과정에서 경정보트는 획기적으로 개선되어 수명이 일본 제품의 1.5배인 18개월 정도에 이르는 성과를 올렸다.

하지만 기술개발이 반드시 기업의 발전에 도움이 되는 것은 아니었다. 기술력은 상승하였으나 제품의 수명 연장으로 경정보트가 남아돌자 발주 지연과 발주 수량 감소로 나타났으며 급기야 감사기관의 지적으로 2005년에는 발주가 중단되는 일이 발생하였다. 2006년 다시 경정보트 공급이 이루어졌으나 2009년에 다시 발주가 중단되었고 신생의 중소기업으로서는 견디기 어려운 시기를 거쳐야만 하였다. 첫 번째 경정보트를 납품한 후 10년이 되던 해인 2010년에 다시 납품 기회가 왔으나 새로운 업체의 출현으로 그 기회를 상실하고 말았다.

조달청 입찰에서 경정보트의 품질을 세계적 수준으로 발전시키며 9년에 걸쳐 640척의 경정보트를 납품한 공적이 정당하게 인정

받지 못하고 신생업체에 경정보트의 납품 기회가 돌아간 것이었다. 어드밴스드 마린테크의 사업 실패 원인은 첫째로 시장규모가 작은 사업인데 품질개선으로 이룩한 수명 연장이 시장규모를 위축시키는 역효과를 일으켰고, 둘째는 사용자의 불편 사항을 청취하여 품질을 개선하려는 순수한 노력이 사정기관의 눈에는 부당한 유착관계로 비쳐진다는 것을 미처 깨닫지 못한 점이었다.

조선학을 공부한 공학도의 한 사람으로 최선의 노력을 하였으며 단기간에 경정보트 부분에서는 세계적으로 인정받을 만큼 발전시켰다는 사실에 항상 자부심을 가지고 있다. 다만 아쉽게도 기업가의 시각을 갖추지 못하여 신생기업과의 가격경쟁에서 납품 기회를 상실하였으나 자체로 축적한 기술력만큼은 소중한 기술 자산이 되었다고 생각한다.

1960년대
1970년대
1980년대
1990년대
2000년대
2010년대

선박을 일관작업으로 건조하는 꿈

어드밴스드 마린테크는 2002년 국내 최초로 경정보트를 개발하고 2008년까지 640척을 납품하며 11차례의 개량으로 세계적인 수준의 경정보트를 개발하였으나 2009년을 위기의 한 해로 예상하였다. 경정보트의 수명이 연장된 탓에 사용하지 않은 경정보트가 남아돌고 있기 때문이었다. 2005년에 이미 한 차례 경정보트 발주가 중단된 일이 있었으므로 회사로서는 납품 중단에 따른 대비가 필요하였다.

경정보트는 경정경기용으로 매년 120척이 발주되는데 실제 100척 정도가 사용되고 있었다. 척 수로 보면 상당 수량이 되는 것 같으나 이를 위하여 전문 생산시설과 기술인력을 유지하기에는 너무 사업 규모가 작았다. 그렇다고 시작한 사업을 중도에 포기하는 것은 그동안 축적한 기술력을 버리는 것이어서 결심하기가 어려웠다. 그야말로 먹을 것은 없으나 버리기에는 아까운 계륵(鷄肋)을 받아든 것과 같은 처지였다.

그런데 때마침 예상치 못한 반가운 소식이 들려왔다. 산업통상자원부가 경정경륜사업에서 얻어진 수익금을 재원으로 해양장비 경쟁력강화사업을 지원하기 시작한다는 것이었다. 사업에서는 경기도 전곡항 인근에 해양복합 산업단지를 육성하는 것을 비롯하여 해양레저산업 기술인력 양성에 이르는 계획이 발표되었다. 연구개발사업에서는 해양레저장비의 국내 수요 확충은 물론 해외 진출을 촉진하는 것을 목적으로 한다고 하였다.

불황기에 연구개발에 투자하라는 말을 생각하며 품질 유지와 생산성을 높일 수 있는 길을 찾던 터라 이는 어드밴스드 마린테크에 경정보트사업을 지속할 수 있도록 기회를 마련해준 것이라 생각하였다. 1910년대에 헨리 포드(Henry Ford)가 T형 승용차의 생산과정에 일관작업 방식을 채택하고 발전시켜 1924년 한 해에 200만 대 이상의 포드자동차를 이동조립라인에서 생산하였는데 같은 방법을 경정보트 생산에 적용할 수 있다고 생각하였다.

만일 경정보트 생산에 이러한 방식을 도입할 수 있다면 생산성이 획기적으로 개선될 수 있고 해외 시장 개척에 결정적인 도움이 되리라 확신하였다. 매년 120척의 경정보트를 생산하면서 일관작업 방식이 성공하려면 부품의 표준화가 이루어져야 하기에 공정을 합리화하고 품질관리를 확실하게 하여야 한다고 판단하고 이를 달성할 수 있는 과제 계획에 힘을 기울였다.

선박에 일관생산 방식이 적용된 것은 2차 세계대전 당시로 군수 지원을 위하여 표준 화물적재량이 10,800톤인 리버티클래스(Liberty Class) 화물선을 다량 건조한 일이 있다. 함정의 건조는 정규 조선소가 담당하고 있어 해안가에 임시로 설치한 조선소에서 1944년까지 3년이 조금 넘는 기간 동안 2,710척의 리버티선을 건조하여 취역시켰다. 일관작업 방식과 동시 건조 개념이 복합된 새로운 건조 방식이 이룬 획기적인 성과였다.

독일 잠수함대의 공격으로 취역한 선박 중 200여 척이 손실되었으나 격침 속도가 건조 속도를 따르지 못하여 연합군은 원활한 군수보급을 받을 수 있었고 전쟁 승리의 원동력이 되었다고 역사적으로 평가하고 있다. 일본은 미국의 선박 건조 능력이 3개월이면 전함을 건조하고 10,000톤급 군수보급선은 매일 새 선박을 취역시키는 것이 가능하다고 평가하고 자신들의 패전은 정해져 있었다고 한탄한 바 있다.

60여 년 전에 화물선 건조에 사용하던 일관생산 방식을 참고한 계획이지만 새로운 방식으로 경정보트를 생산하면 생산성 향상이 기대되어 야심에 찬 연구 계획을 준비하였다. 일관생산이 성공하려면 정확한 설계도서가 마련되어야 하고 소재부터 부품에 이르기까지 표준화가 이루어져야 하며 필요한 자재는 치밀한 수급 계획에 따라 적기에 적정량이 공급되어야 할 뿐 아니라 생산관리와 품질관리가 원활하게 되어야만 하였다.

연구과제 공모가 조선 분야로 국한된 것이 아니어서 전 산업 분야에서 폭넓은 지원이 있었다. 하지만 10년 가까이 외곬으로 다듬어온 경정보트 생산기술을 혁신시키겠다는 연구 계획이 차별성을 인정받아 연구비 수혜자로 선정되었다. 자동차와 같이 무제한이라 할 만큼 다량의 수요가 있는 것이 아니고 연간 최대 생산량이 120 척에 불과하다는 수량의 제한이 과제 수행에서 가장 어려운 고비였다.

예상하던 일이었으나 2009년에 경정 발주는 중단되었으며 보트를 생산할 기술인력의 상당수는 일관생산 방식을 구현하기 위한 준비 과정에 투입되었다. 생산 실무를 담당해야 할 인력들은 다른 관련 업무에도 투입될 수 있도록 노력하여야 하였다. 합판에 절단하기 위한 선을 그리던 기술자는 절단업무도 담당하여야 하였고 절단공은 조립업무, 조립공은 도장업무와 같은 후속 실무를 익혀야 하였다. 한 사람의 기술자가 3~4가지 기술을 확보하도록 함으로써 다양한 분야의 기술인력 수요를 대폭 감축하고자 계획한 것이었다. 노력의 보람이 있어 표준화된 설계도서가 확보되었으며 작업표준이 다듬어졌고 다기능의 고급 기술인력이 양성되었기에 수익성이 크게 향상되리라 기대하였다.

기술력에서 앞서 있어 경쟁자가 없다고 생각하였는데 2010년 예상치 못한 경쟁업체의 출현으로 어드밴스드 마린테크는 수주에 실패하였다. 더하여 수행한 연구과제의 성과에 대해서는 세부 항목별로 의욕적으로 설정한 연구 목표에 이르지 못한 것으로 평가되었다. 다기능 인력의 양성이 생산성을 크게 향상시킬 것임이 확실하였으나 연구 성과로 인정받지 못하고 연구비를 회수당하는 불운을 맞았다.

실제 생산에 투입되면 목표 이상으로 생산성이 향상될 것을 믿고 있었기에 연구 불성실 판정에 분개하였으며 심사자가 숲이 아닌 나무를 보았다고 불만을 품을 수밖에 없었다. 하지만 연구 계획 작성에서 좋은 평가를 얻으려고 낙관적으로 보았던 부분이 있고 전공이 다른 분야에서 선임된 평가자가 공정하게 평가하려면 제출한 연구 계획서에 충실할 수밖에 없었을 것이라는 데 생각이 미치면서 평가를 받아들이는 것으로 마음을 정하였다.

처음으로 연구비를 받았던 1977년 무렵 대학원 학생들과 당번을 정하여 실험실에서 저녁을 해먹으며 과제를 수행하던 공릉동 캠퍼스의 일이 불현듯 떠올랐다. 학생들이 전통시장에서 구입한 찬거리 영수증으로 연구비를 정산하였고 의심 없이 승인되곤 하였다. 가계부에 들어갈 내용으로 연구비를 정산하였어도 연구 결과를 국제회의에 나가 발표하여 오히려 자랑스러운 기억으로 남았기에 연구비 정산 처리 방식은 지난날이 좋았다고 생각하며 허탈함을 달래었다.

연구비 수혜가 결정되었을 때에는 장밋빛 미래가 보이는 듯하였으나 기대하던 보트 수주에 실패하고 연구비 회수까지 당하였으니 기업은 위기에 빠지고 말았다. 매출이 없어 급여 지급조차 어려워졌을 뿐 아니라 기업 전망도 불투명하여 힘을 기울여 새로이 양성한 다기능 기술자의 이직을 만류하지 못하였고 사업 포기를 심각하게 검토하여야 하는 지경에 이르렀다.

업종전환 또는 사업 청산이 불가피하다고 판단될 즈음 후속 업체의 제품이 기대에 미치지 못하여 경정경기 운영에 어려움을 겪고 있다는 소식이 전해졌다. 다른 한편으로 경정경기장에서는 궁여지책으로 우리 회사에서 제품을 공급 받아 사용하고 이미 퇴역한 경정보트도 보수하여 사용하고 있다는 것도 알게 되었다. 무엇보다 경정선수들이 어드밴스드 마린테크의 경정보트를 신뢰하고 있다는 사실에 어떤 어려움이 있어도 참고 견디면 다음 연도에는 회생의 기회가 돌아오리라고 실낱같은 희망을 품게 되었다.

1960년대

1970년대

1980년대

1990년대

2000년대

2010년대

상상의 수면 위에서

1999년 창업한 어드밴스드 마린테크는 경정보트를 세계적 수준으로 발전시켰으나 2010년 도산 위기에 처하였는데 그 원인은 크게 네 가지로 생각되었다.

첫째, 22개의 경정경기장을 운영하는 일본의 예와 같이 경기장이 여러 곳에 계속해서 설치되어 경정보트의 수요가 늘 것이라 낙관한 것이다. 그러나 경정사업이 국민체육진흥이라는 설치 당시의 목표보다 수익 확대에 치중하여 발전되다 보니 경정경기장은 늘어나지 않았다. 큰 비용을 들여 경기장을 건설하기보다는 발전된 IT기술을 빌어 경정경기를 도심의 건물 내에서 중계하는 값싸고 손쉬운 길을 택하였기 때문이다. 경기를 12곳에 중계하는 운영 체제여서 12개의 경기장에서 경기를 운영하였더라면 120척씩 모두 1,440척의 경정보트가 필요했을 터이나 한 곳에서만 120척의 경정보트를 사용하는 체제가 되었던 것이다.

둘째, 일본보다 우수한 품질의 경정보트를 개발하겠다는 공학
도로서의 의욕이 앞서 경정보트의 품질을 개량하다 보니 결과적
으로 과일 깎을 칼이 필요한데 회칼을 준비한 격이 되어 선가가
상승하였다. 수명은 일본의 경정보트에 비하여 1.5배인 18개월 정
도로 향상되었지만 이것이 수요 불안의 원인이 되었다. 발주처에
서는 매년 필요 수량을 발주하기보다는 여유 있게 발주한 후 사용
하고 남은 배가 일정량이 되면 다음 해에는 발주를 중단하는 방식
을 택하여 기업으로서는 안정적인 사업 운영이 어려운 환경이 되
었다.

셋째, 경정보트의 수요가 이처럼 안정적이지 못한 점을 보완하
기 위하여 회사는 해양레저산업 부분에서 활로를 찾기로 계획하
였다. 구미 지역에서 매년 열리는 국제보트쇼와 연계한 제1회 '경
기국제보트쇼'를 경기도 지원으로 2006년 여름 화성시 전곡항에
서 개최하였다. 2008년에 개최된 경기국제보트쇼에는 세계적인 요
트선수들이 참여하는 월드매치레이싱투어(World Match Racing Tour)
를 유치하고 경기에 사용할 요트를 건조하여 공급하였는데 요트
대회 참가 선수들로부터 높은 평가를 받았다. 그러나 발주처인 대
회 주관기관은 선박 발주방식에 따라서 요트 건조의 진척도에 맞
추어 대금을 지급하지 않고 일반 공산품처럼 납품 후 분할 지급하
기를 고집하였다. 결국 업체는 건조비 대부분을 차용하여야 하였
고 그것이 심각한 경영 압박으로 돌아왔다.

넷째, 처음부터 경정보트를 자체 기술로 설계 제작하였고 여러 차례 꾸준히 기술을 개량하여왔으므로 기술 면에서는 경쟁이 될 만한 업체가 있을 수 없다고 자부하고 있었는데 위기의 복병은 엉뚱한 곳에 있었다. 조달청 입찰에서 기술 검토는 설계도서와 건조에 필요한 최소 요건을 확인하는 데 그치고 있어 기술보다는 응찰 가격이 선정의 기준이 되었다. 결과적으로 저가로 응찰한 업체에 2010년도 경정보트를 납품할 기회가 돌아갔고 어드밴스드 마린테크는 도산 위기에 처하였던 것이다.

수주 실패로 청산절차를 밟아야 할 회사를 유지하였던 것은 산업통상자원부의 해양장비 경쟁력강화사업에 참여하여 소규모 선박인 경정보트 생산 과정에 시뮬레이션 기법을 적용하는 연구를 수행하고 있었기 때문이었다. 2010년 가을, 경쟁입찰에서 경정보트 공급업자로 다시금 재선정되면서 도산을 면할 수 있을 뿐 아니라 연구 결과를 직접 적용할 기회가 왔다. 과제를 수행하며 개발한 새로운 기술이 원활하게 발휘될 수 있도록 생산시스템을 바꾸는 등의 신규 투자를 하였다. 새로운 생산시스템이 가동되면 획기적으로 생산성이 향상될 뿐 아니라 품질의 균일화에도 효과가 있어 단기간에 기업의 정상화가 이루어지리라 회사의 기술진 모두가 기대하였다.

그러나 이번엔 산업통상자원부의 사업평가방식이 발목을 잡았다. 사업 성과를 공정하게 평가할 목적으로 동일 분야의 인사를 배제하고 관련 분야의 인사들로 구성한 평가위원회에서 위원들은 생산시스템 개선에 투입한 부분은 연구 계획서에 없으므로 연구비 사용으로 인정할 수 없다며 연구비 환수 결정을 내렸다. 이에 맞서 이의제기와 재심청구 등으로 시간을 소모하기보다는 수주한 경정보트의 납기를 지켜 경정경기가 유지되도록 하는 것이 현실적으로 더욱 중요하였다. 회사는 연구비 환수유예조치를 신청하고 생산에 전념하였다. 새로운 생산시스템은 기대 이상의 생산성과 채산성을 가져왔다. 2010년에 이어 2011년에도 경정보트 공급자로 결정되었을 때에는 네 가지 어려움을 모두 극복하였고 앞으로도 경정보트를 지속하여 공급하리라 확신하였다.

다음 해에도 120척의 경정보트가 발주되었는데 회사는 당연히 수주할 수 있으리라는 판단 아래 목재를 미리 수배하여 건조시키도록 하였으며 신규 수주로 1000호 선을 납품하고 정상화를 이룰 것이라는 꿈에 부풀어 있었다. 그러나 뜻밖에도 또다시 저가 응찰업체에 납품 기회가 돌아갔다. 경쟁 입찰에 참여하여 공급권을 획득한 HY조선소는 LB조선소가 사업 부서를 독립시켜 설립한 신생 조선소로 두 조선소는 영업장소와 사주가 같은 곳이었다. 법무법인에 상담하였더니 두 조선소는 사실상 동일하므로 참여자가 두 개의 가격으로 응찰한 것에 해당하여 입찰절차에 부당성이 인정된다며 소송제기를 권유하였다.

행정상의 문제이므로 처리가 신속하리라 생각하고 소송을 제기하였으나 소송은 생각보다 긴 시간이 소요되었다. 소송 진행 과정에서 신생 조선소가 응찰 때 제출한 도면은 원고인 우리 회사가 설계한 설계도서와 동일하고 오로지 회사 명칭만 바뀌었을 뿐이라는 점까지 법정에서 입증한 바 있으므로 당연히 승소하리라 믿었다. 그러나 법원은 HY조선소와 LB조선소는 법적인 요건으로 판단할 때 별도의 법인으로 보아야 한다고 판시하고 부당한 도면을 사용한 것은 인정되지만 소송 제기 내용인 절차상 문제가 아니어서 판단 범위 밖이라는 뜻밖의 판결을 내렸다.

창업 후 10여 년을 지내며 여러 차례 위기를 넘긴 끝에 정상화를 눈앞에 둔 시점에서 법원의 판결은 가혹한 철퇴였다. 경상비 이외에 지급해야 하는 법무법인 비용, 생산시스템에 투입한 투자비, 미리 구입한 목재 대금, 유예기간이 끝나는 연구비 환수금 등이 당면문제가 된 것이었다. 분쟁 당시만 하여도 매출액 규모가 100배 이상인 상대방 조선소와 법정다툼으로 시간을 보내며 견딜 재정적 여력은 당연히 남아 있지 않았다. 경쟁사의 기술력으로는 납품에 성공하기 어려우리라 생각하였으나 우리 회사로부터 유출된 도면과 이직 기술자들을 확보하고 있었기에 시행착오를 거친 끝에 경정보트를 납품할 수 있었다.

경정보트의 품질은 조선학적으로 분명히 후퇴하였다. 그러나 납품업체는 품질은 납품 기준에 적합한데 이에 적응하지 못하는 것은 경정선수들의 기량에 따른 문제라며 경정선수들을 자극하였다. 뜻밖에도 일부 선수들이 납품업체의 주장을 받아들였고 경정보트의 품질 후퇴 문제는 슬그머니 물밑으로 가라앉아 버렸다. 뼈를 깎듯 부단하게 개량을 거듭하여 확보한 앞선 기술로 세계적 수준의 우수한 경정보트를 개발하고 발전시킨 어드밴스드 마린테크는 위기를 맞을 때마다 다시 일어섰으나 이번의 위기는 끝내 이겨내지 못하고 도산하고 말았다.

1977년 파나마에서 개최된 페더급 타이틀 매치에서 우리나라의 홍수환은 2회전에 카라스키야의 주먹에 네 번 쓰러지고도 3회전에 극적으로 승리하였다. 이 권투 경기는 '사전오기(四顚五起)의 신화'라고 부르며 모두들 오래도록 기억하고 있다. 홍수환은 분명히 네 번 쓰러지고 네 번 다시 일어났는데 다섯 번 일어났다고 하는 것은 경기에서 보여준 투지 때문이었을 것이다. 위기를 극복하지 못하고 회사 문을 닫은 것은 어쩌면 홍수환 선수와 같은 투지와 기개가 모자랐기 때문일지도 모른다고 생각하면 만감이 교차한다.

관악 캠퍼스 명예교수실로 출퇴근하는 전철 경로석에 앉아서 때로는 상상의 수면 위에 미래의 고속보트를 띄우곤 한다. 태양광을 이용하는 요트, 전기구동 고속보트, 드론 이용 자율항주 고속보트 등 미래선박을 개발하는 달콤한 상상에 빠져드는 것이다. 마음만은 젊은 탓일까, 제자들과 함께 다시금 도전적인 기업을 일으켜 세우고 싶은 충동마저 느낀다. 뜻을 같이하였던 사람들이 다시 모여 미래의 선박을 설계 제작한다면 세계 굴지의 보트회사로 우뚝 서서 해양레저산업을 크게 일으키고 나아가 해상 방위에도 기여할 수 있지 않겠는가. 상상의 수면 위에서 상상은 또 상상을 거듭한다.

1960년대
1970년대
1980년대
1990년대
2000년대
2010년대

움직일 줄 모르는 배 아닌 배

1967년 봄이었는데 근무하고 있던 탄광에서 연탄 생산 이외에 새로운 사업을 계획하고 있음을 알게 되었다. 생산하고 있는 석탄의 우수한 품질 덕분에 망우리 연탄공장에서 생산하는 연탄도 품질이 좋다는 소문이 나서 나오는 즉시 전량 판매되었다. 연탄 주문이 계속 늘어나자 직접 채굴한 석탄뿐 아니라 품질이 떨어지는 석탄을 싼값에 사들여 적정발열량이 되도록 혼합한 다음 연탄을 생산하였다. 자연스럽게 석탄 혼합시설과 생산시설을 증설하고 연탄공장 주위에 저탄장을 마련하여야 하였다. 또 석탄 운반 화차의 운행을 염두에 두고 하역과 화차 운용을 위한 선로를 부설하는 등 많은 투자가 이루어졌다.

초기에는 충분한 토지 확보가 가능하였으나 당초에 예상하였던 것보다 더 많은 양의 석탄을 생산하면서 저탄장 공간이 부족해졌다. 비수기에 연탄공장 인근에 저탄하였다가 성수기에 연탄을 생산하여 판매한다는 애초 계획이 차질을 빚기 시작하였다. 결과적으로 연탄 공급을 원활하게 하려면 운반 목적으로 전용화차를 다량으로 확보하여야 하였다. 회사가 전용화차를 준비하였으나 비수기에는 이 화차들을 세워둘 수 있는 별도의 주차장이 필요하였다. 화차들을 세워두기보다는 상시 활용할 수 있는 새로운 사업을 모색하기 시작한 것이었다.

석탄의 성수기는 겨울철이므로 봄철부터는 화차를 건설용 골재의 운송에 활용하는 것을 검토하였다. 한강 줄기를 따라 지천으로 널려 있는 모래와 자갈은 지자체에 신고만 하면 쉽게 가져다 사용할 수 있으려니 하고 운반에 유리한 장소부터 현장조사에 나섰다. 차량의 접근이 유리한 한강 변에는 수없이 많은 1세제곱미터들이 나무상자들이 놓여 있었는데 건설회사에서 강가 자갈밭에 통을 늘어놓으면 동네 아이들이 자갈을 주워 상자를 채우고 건설사로부터 돈을 받아 집안 살림을 돕고 있었다. 이미 한강 변은 건설사에 점령되어 있었고 철도교통이 편리한 지역은 사금, 규사, 모나자이트(monazite), 주물사(鑄物砂) 등으로 광구가 설정되어 있다는 것을 알게 되었다.

광구가 설정된 곳에서 모래나 자갈을 채취하려면 광업권과 충돌이 불가피하였다. 광업권을 가진 업자는 때에 따라 모래와 자갈을 채광작업의 부산물이라 하고 더러는 탐광작업 중이라 하며 같은 지역에 신규 사업자의 진입을 제한하고 있었다. 한강수계에 대한 폭넓은 조사 결과, 광구를 사들이지 않고는 새로운 사업을 시작할 수가 없었다. 최종적으로 한 광구를 사들였고 다시금 지자체와 지루한 협상을 거친 후에야 비로소 모래·자갈 채취권을 얻을 수 있었다.

어렵게 획득한 모래·자갈 채취권은 한강의 정상 수면보다 낮은 강바닥에서 채취하는 제한적 조건에서 허용되는 것이었다. 당시에는 주로 육상에서 채취하는 방식이 사용되고 있었는데 상당한 수심이 있는 강바닥에서 골재를 채취한다는 것은 분명 쉬운 일이 아니었다. 강바닥을 파 올려 모래와 자갈을 선별하고 상품화하는 일종의 수중채굴 선상선광(船上選鑛) 장비를 만들어야 하였다. 대학에서 선박을 공부하였던 나에게는 자연스럽게 모래와 자갈을 채취하는 준설선을 설계하라는 명이 내려졌다. 자료를 조사한 후 여러 개의 버킷(bucket)을 와이어로프에 달아매고 에스컬레이터처럼 끌어올리는 버킷 준설선(浚渫船, 개울이나 하천, 항만 등의 밑바닥에 쌓인 모래나 암석을 파내는 기구를 갖춘 배)을 설계하기로 하였다.

선박을 전공하였으니 설계 명을 거부할 수 없었으나 입사 후 일년을 갓 채운 신입 사원에게는 감당하기 어려운 일이었다. 선형의 기본 설계를 맡기로 하고 기계장치를 비롯한 주요 채굴장비에 대하여는 연탄공장 설비 설계 경험을 가진 선임자가 맡는 것으로 업무를 분담하였다. 상당히 많은 일을 덜었으나 준설선을 강에 띄우려면 배를 강가에서 건조할 수 있는 장소를 마련하여야 하였으며 진수(進水)할 방법도 찾아야 하였다. 작은 배 하나를 건조하기 위하여 하천부지 점용허가를 받아야 할 뿐 아니라 임시 조선소를 세우는 일까지 계획 단계에서 검토하여야 하였다.

그런데 관련 법령을 찾아보다가 뜻밖의 사실을 접하였다. 당시의 '선박법'에서는 선박을 '수상 또는 수중에서 항행용(航行用)으로 사용할 수 있는 부양력이 있는 구조물로서 사람이나 재화를 적재할 수 있으며 자체 추진장치를 가져야 한다'고 정의하고 있었기에 바지선이나 준설선을 자체 추진 능력이 없다는 이유로 현재와는 다르게 선박이 아닌 건설 중장비로 취급하고 있었다. 배를 공부한 설계자로서는 실망스러운 일이으나 회사로서는 까다로운 선박 관련 규정을 지키지 않아도 되는 것이 유리하다 판단하여 추진장치를 두지 않기로 하였다.

이에 따라 여러 가지 문제점이 검토 대상이 되었다. 처음에는 우기가 오기 전에 강변에서 선박을 건조하고 홍수로 수위가 올라가 저절로 뜨게 되면 진수 절차 필요 없이 스스로 이동하도록 계획하였는데 추진장치를 제외하였으므로 별도의 이동 수단을 준비하여야 하였다. 준설선을 홍수 때 안전지역으로 이동시키려면 상당한 규모의 예인선이 있어야 하였다. 그러나 예인선을 상시 대기시킬 수가 없어서 준설선이 떠오르면 자동으로 계류되도록 두 개의 닻을 미리 배치하고 와이어로프와 연결하여두기로 하였다.

준설선에는 선원이 승선하여 닻과 연결된 와이어로프의 길이를 조절해서 물이 빠졌을 때 적당한 수심의 안전지역에 정지해 있도록 계획하였다. 또한 모터보트를 배치하여 와이어로프에 걸리는 부유물을 제거하는 한편, 위험할 때에는 선원의 대피를 돕도록 하였다. 예상치 못한 큰 부유물로 로프가 끊어지면 준설선이 표류하여 교량과 충돌을 일으킬 수 있으므로 마지막 순간에는 준설선을 가라앉힐 수 있도록 배 밑바닥에 대형 밸브를 두고 선원이 판단하여 밸브를 열면 배 안에 물이 차서 침몰하도록 유도한 후 모터보트로 배를 떠나는 것으로 정하였다.

운이 좋게 한강대교와 한강철교 그리고 신설이었던 제2 한강교(양화대교로 개축)를 무사히 통과하더라도 계속 흘러가면 접경지역으로 유실될 것이 분명하니 의도적으로 침몰시키라는 것이 사주의 요구였다. 사주는 한 걸음 더 나아가 홍수기가 끝나고 수위가 내려갔을 때 준설선이 육상에 얹히거나 수중에 잠기더라도 배를 되살리는 문제를 생각하라고 하였다. 배의 폭을 넓게 설계하여 전복되지는 않고 가라앉을 것이므로 육상에 얹히는 경우는 중장비로 강까지 수로를 내어 끌어내기로 하였고 수중에 잠기는 경우는 보조 부력실을 두고 공기를 채워서 떠오르도록 하겠다고 하여 승인을 받았다.

계획 당시에는 그와 같은 일은 절대로 일어나지 않을 것이며 경험이 적은 설계자를 지나치게 괴롭힌다고 생각하였다. 준설선이 건조되고 진수되었을 때에는 회사에서 퇴직하고 대학에 유급조교로 있으면서 전임강사 발령을 준비하고 있었다. 이후 한참 동안은 예상했던 상황이 발생하지 않았으므로 쓸데없는 걱정이었다고 생각하였다. 그러나 오랜 시간이 지난 후 4대강 치수사업 과정에서 사용하였던 준설선이 홍수기에 떠내려가다가 낙동강 교량에 걸려 침몰하는 일이 발생하고 남강에서는 육상에 좌초되는 사건도 있었음을 인터넷 검색을 통하여 알게 되었다.

되돌아보면 60년 전에 배를 공부하고 취업하여 '배 아닌 배'를 설계하는 기회를 얻어 심혈을 기울여 기획을 하였다. 덕분에 배는 폐선이 되기까지 특별한 문제 없이 제 기능을 다하였다고 생각한다. 하지만 나중에 이명박 정부에서 시행한 4대강 정비사업이 끝나고 상당 기간이 지난 후에는 개발에 사용하던 수많은 준설선이 버려지면서 환경문제를 일으키고 있는 것으로 보인다. 사전에 충분히 검토하였으나 미처 생각하지 못하였던 폐선 문제를 설계 단계에서 함께 생각하여야만 올바른 설계가 되리라는 것을 깊이 깨달았다.

1960년대
1970년대
1980년대
1990년대
2000년대

2010년대

한 번으로 끝난 반월호 선댄서의 춤

2010년 여름의 더위가 찾아들 무렵, 한 제자의 소개로 의욕에 차 있는 젊은 연구자가 찾아와 만났다. 카이스트(KAIST)에서 기계공학을 전공하고 기계연구원과 협력하며 태양광 발전사업에 꿈을 키워온 젊은이였다. 수상 태양광 발전사업계획을 설명하였는데 사업의 내용이 몹시 흥미로웠다. 현재 국내에서는 수면(水面)을 활용하지 못하고 있는데 온도가 낮을수록 발전 효율이 높은 태양광 발전소자(素子)의 특성을 수상 발전에 이용하자는 것이었다.

태양광 발전은 소자의 공급가격은 높고 발전 효율은 낮아 아직은 경제성을 갖기 어려운 사업이나 수상에서의 발전은 양지바른 대지를 비용을 들여가며 물색하지 않아도 되는 이점이 있어 장래성이 있는 사업인 데다 물 위에서는 자연대류로 인한 냉각효과만으로도 발전 효율이 5퍼센트 이상 상승한다고 하였다. 공유 수면은 쉽게 사용할 수 있으리라 생각하였고 가스 발생에 대한 환경 규제가 없을 뿐 아니라 정부 보조금이 지급되고 발전되는 전력도 한전에서 의무적으로 사들이니 시장 개척의 어려움도 없는 환상적인 사업으로 비쳐졌다.

2006년 정년 퇴임 후에도 연구과제에 관심을 가지고 몇몇 과제에 참여하며 저술 활동도 하고 있던 나에게 새로이 주어진 제의는 몹시 특별하게 느껴졌다. 태양광 발전 설비를 물에 띄우는 일은 조선학 측면에서도 새로운 흥미를 불러일으키는 것이어서 태양광 발전 설비를 탑재할 수 있는 부유체 설계를 지원하기로 하였다. 배는 건조되면 바다로 나아가 진수하고 이동하며 사용되는데, 계획하였던 부유체는 교통이 불편한 산골의 저수지로 운반하여 현장에서 조립하고 진수한 후에는 이동하는 것이 아니라 고정된 위치에 정지시켜 사용하여야 하는 색다른 특성이 있었다.

부유체 설계 지원에 뜻을 두고 2014년 봄에 고경력 과학기술인 기업지원사업에 응모하여 '수상 태양광 발전용 부유 구조물 설계 기술개발'이라는 과제로 태양광 발전 사업에 뜻을 둔 신생기업을 후원할 수 있는 기회가 주어졌다. 우선 기업에서 계획하고 있는 10킬로와트(kW) 급의 소형 태양광 발전 설비를 수상에 띄우고 시운전을 통하여 성능을 검증하는 계획을 세웠다. 태양광 발전기판의 소요 면적은 66.5제곱미터로 계산되었으며 기판을 집중적으로 배치하기에 적합한 부유체를 설계하고자 하였다.

부유체에 10킬로와트의 발전이 가능한 설비를 탑재하였을 때

중량은 1톤 정도로 추산되었다. 발전 효율을 높이기 위하여서는 발전기판을 태양을 향하도록 기울여야 하고 기울인 기판이 물에 잠기지 말아야 하므로 설비는 되도록 높은 위치에 배치하여야 하였다. 부유체는 경제성을 가지도록 최소의 크기로 만들기로 하였는데 비바람이 불고 파도가 일어도 안전할 만큼 충분한 복원력을 가져야 할 뿐 아니라 발전 효율을 높이기 위하여 발전 설비가 항상 태양을 향하여 작은 힘으로도 쉽게 기울어져야만 하였다.

이에 생각해낸 것이 태양광 발전기판을 받쳐주는 방사상으로 배치된 여러 개의 기다란 물통을 아래로 내뻗치도록 빙 둘러 달아주고 어느 하나의 물통에 물을 채워주면 그 방향으로 부유체가 기울어지도록 하는 것이었다. 계절에 따른 태양의 고도와 방향을 계산하고 발전설비를 기울이는 데 필요한 물의 양을 계산하여 이를 물통으로 자동으로 옮기는 계획을 세웠다. 45도까지 기울일 수 있는 발전시스템을 구축하고 도면으로 표시하니 조선공학자에게는 상상하기 힘든, 마치 정교하게 가공된 다이아몬드를 연상시키는 모양의 구조물이 되었다. 곧 윗면은 6각형으로 발전기판이 놓인 평면이 트러스 구조 위에 배치되고 트러스 구조는 물에 잠기는 부력 통으로부터 방사상으로 배치된 부재로 받쳐지는 모습이었다.

시스템 설계를 마친 뒤 도로가 인접하여 접근성이 좋은 저수지를 물색하던 끝에 경기도 군포시 둔대동에 있는 반월호에 설치 승인을 얻을 수 있었다. 반월호는 접근성 외에도 농업용 저수지로 용도가 폐기되어 사실상 수위 변화가 아주 적은 이점을 가지고 있었다. 특이하게 보이는 구조물을 물에 떠우고 전산제어프로그램으로 적은 용량의 펌프로 물을 퍼 올린 다음 필요한 물탱크로 옮겨주면 태양광 발전설비가 항상 태양을 향하도록 조절할 수 있었다.

130와트(W)의 소형 모터가 매 10분마다 1분간씩 가동하도록 맞춘 뒤 발전설비가 일출 후에는 경사 방향을 바꾸어가며 태양을 추적할 수 있게 하였고 일몰 후에는 안정된 수평 자세로 밤을 지나도록 하는 데 성공한 것이다. 나중에 기록을 살펴보니 64.3킬로와트시(kWh)를 발전하며 사용한 전력은 0.177킬로와트시에 불과하였고 발전효율도 태양을 추적하는 것으로 23퍼센트 향상되었음이 확인되었다. 일에 참여하였던 모두가 즐거워하며 발전설비를 '선댄서다이아몬드(Sundancer-diamond)'라 부르자고 하였다.

반월호에 설치된 선댄서다이아몬드가 육상 태양광 발전에 비하여 30퍼센트에 가까운 효율 증대를 기록하자 성공에 도취하였고 사업의 발전을 기약하는 무희의 춤이라 상상의 나래를 펼치곤 하였다. 그리고 사업성을 갖는 규모로 발전시키기 위한 후속연구를 다짐하였다. 그러나 태양광 발전의 성공은 거기까지였다. 적은 자본으로 시작한 소기업은 후속연구를 수행할 연구비 지원을 연이어 받을 수 없었기에 직원 급여를 적기에 지급하지 못하였고 직원의 이직을 막지도 못하였다. 게다가 반월호 관할관청에서는 수면 사용허가 기간만료라며 설비 철거를 요청하여왔다.

그래도 어렵게 버틴 끝에 뒤늦게 연구비 지원을 받을 수 있었고 조금 규모가 있는 발전설비로 실험하여 사업화로 나갈 수 있는 길을 여는 듯하였다. 저수지를 여러 곳 확인하다가 한 저수지 관할관청의 관심을 끌면서 당연히 수면 사용 승인을 얻을 수 있을 것으로 판단하고 준비하였다. 환경영향, 수상안전문제를 비롯하여 실험을 통하여 확인하고자 하는 문제들이 수면 사용 허가 전에 확인되어야 한다고 하여 승인이 계속 늦어졌다. 결국 늦가을에 사용 승인이 났는데 주민동의를 첨부하라는 조건부였고 주민동의를 쉽게 얻어 모든 절차가 끝나리라 기대하였다.

낚시 손님을 상대하는 주민과 저수지를 건너다니며 농사를 짓는 주민 그리고 관광객을 주로 접하는 주민들의 의견이 같지 않아 동의를 얻는 것이 매우 어려운 일이었다. 상당한 시간이 지난 후 마을 발전기금을 출연하는 것으로 합의를 보고 문제들이 해결되었다고 생각하였다. 그러나 뜻밖에도 수면에 결빙이 시작되면서 준비한 장비를 저수지로 가져가도 사용할 수 없는 상황이 되어버렸고 해를 넘기고 말았다.

봄이 오면 모든 문제를 해결할 수 있으리라 기대하였는데 연구비를 지급한 기관으로부터 첫 해의 연구 성과에 대한 평가를 받게 되었다. 연구 계획서를 기술할 당시 의욕적으로 작성하여 연구비를 받았는데 연구 성과는 계획에 크게 못 미치는 결과가 될 수밖에 없었고 결국 후속연구를 중단하라는 판정을 받았다. 뜻을 두고 돕고자 하였던 그 기업은 끝내 견디지 못하고 문을 닫았고 반월호선댄서다이아몬드의 춤은 다시는 볼 수 없는 한 번의 춤으로 끝나고 말았다. 두고두고 가슴 깊이 쓰라린 아쉬움이 남는다.

1960년대

1970년대

1980년대

1990년대

2000년대

2010년대

도시의 작은 농장

40년 이상 도시 한가운데 선대로부터 내려온 땅에 단층 단독주택을 짓고 살고 있으며 세월이 지남에 따라 하늘이 좁아진 것을 실감하고 있다. 처음 집을 지을 당시에는 남산이 바라다보였는데 인근에 아파트가 들어서면서 더 이상 보이지 않게 되었다. 뿐만 아니라 지상파 방송을 시청할 수 없어 케이블 방송을 보아야 하는 도시 속의 벽지가 되었다. 그래도 한동안은 정부 지원이 있다며 심심치 않게 지붕에 태양광 발전시스템을 설치하자는 제안이 들어왔는데 찾는 발길이 끊어진 지 상당 시간이 지난 듯하다. 이웃하여 남측에 사무실 건물이 들어서고 동서 양측에 5층짜리 빌라가 들어서니 우물 안에 갇힌 듯 하늘이 좁아졌다.

처음 건축 당시에는 햇볕도 잘 들고 바람도 시원하였으나 이제 하루에 짧은 시간이나마 볕이 드는 곳은 남측 창문 앞 5평 정도에 불과하다. 퇴임 후부터인가 잔디도 잘 자라지 않는 5평 남짓한 땅에 부지런을 떨며 이것저것 심어본 지 이제 햇수로 14년이 넘어섰다. 집에서는 땅을 너무 혹사시킨다고 하지만 3모작을 하고 있는 셈이다. 봄이 되어 땅이 풀리기 시작하면 가을에 심은 튤립이 머리를 내밀기 시작한다. 4월 초면 꽃봉오리가 맺히는데 이와 별도로 오이와 호박의 모종을 키우기 위하여 가랑잎 썩힌 흙을 모아 작은 화분을 준비하여야 한다. 파종 후 약 10일이면 오이가 발아(發芽)하고 15일쯤 되면 호박이 발아하는데 이때 튤립은 꽃이 활짝 핀 상태에 이른다.

오이와 호박의 잎이 5매 정도가 되었을 때쯤이면 튤립은 꽃이 지고 잎이 시들기 시작한다. 이로부터 일주일쯤 지나면 한해농사의 첫 번째 수확으로 튤립을 캐어 그늘에서 건조시키는 한편 캐낸 자리에 구덩이를 파고 퇴비를 채운 후 오이와 호박을 이식한다. 이식한 오이와 호박이 활착(活着)하여 새 잎이 3매 정도 날 때면 건조된 튤립의 구근을 정리하고 모아 살균 처리를 한 후 바람이 잘 통하는 용기에 담아 어둡고 건조한 곳에 보관한다. 이때부터는 오이와 호박에서 꽃이 피는데 넝쿨을 잡아매기 위한 버팀목을 세워 끈으로 매주어야 한다.

약 10일 정도면 오이는 수분(受粉)이 되어 맺히기 시작하지만 호박에는 수꽃만 핀다. 아마도 호박벌을 부르는 시기인 듯하다. 하지만 애타게 부르는 호박벌은 도시에서는 쉽게 나타나지 않아 암꽃이 피더라도 호박은 수분이 쉽지 않다. 간간히 피어나는 암꽃은 이른 아침에 활짝 피었다가 해가 돋으면 바로 꽃이 오므라들기 때문에 짧은 시간 내에 수분이 이루어져야 한다. 결국 호박을 결실시키려면 일찍 일어나서 호박벌이 해야 하는 수분 작업을 해주어야 한다. 오이는 꽃이 작아 개미와 같은 작은 곤충으로도 수분이 되지만 도시농장에서는 이른 아침부터 호박벌 흉내를 내어야 하는 것이다.

호박벌 노릇을 여러 해를 하다 보니 꽃대나 꽃봉오리 그리고 꽃술 어느 것을 보고도 수꽃과 암꽃을 구별할 수 있을 뿐 아니라 암꽃의 개화시기도 예측할 수 있다. 호박꽃이 피기 시작하면 매일 아침 암꽃을 찾아내어 수분 작업을 해주어야 하는데 수분이 되고 10일이면 애호박은 수확할 수 있을 만큼 자란다. 오이와 호박을 수확하면 주일날 예배를 마치고 돌아오는 길에 백화점 식품부에 들려 그곳에서 판매되는 친환경 농산품 가격으로 소출(所出)을 계산해 보는 버릇이 생겼다. 도시농장에서 수확한 오이로 담근 오이김치와 호박전이 밥상에 오르면 막걸리 잔을 기울이며 농부의 작은 기쁨을 느끼기도 한다.

호박을 심을 때 한 귀퉁이에 한 그루씩 심은 청양고추와 가지 그리고 방울토마토도 꾸준히 결실을 보아 함께 곁들여지면 도시농부의 마음은 한결 풍요로움을 느끼게 된다. 5평의 작은 공간이지만 한여름에 들어서면 소출이 풍성하여져서 모두 소모하지 못하고 저장한다. 이 과정에서 도시농부가 수확한 오이와 호박이 시장에서 공급되는 온실에서 재배한 오이와 호박에 비하여 저장 기간이 월등히 길다는 것을 알게 되었다. 도시농장의 소출을 친환경 농산품 가격으로 계산하는 것을 숨기고 싶었으나 호박벌 노릇이 건강에 도움이 될 뿐 아니라 도시농장의 소출이 건강식이 된다는 믿음을 가지게 되었다.

여러 해에 걸쳐 호박농사를 짓다 보니 이해하기 쉽지 않은 일도 생겼다. 분명히 이른 아침 일어나 정성껏 수분 작업을 하였으나 정상적으로 잘 자라야 하는 호박이 성장을 멈추고 떨어졌다. 한 줄기에 여러 개의 암꽃이 피어 수분시켜도 적정량의 호박만이 결실을 맺고 세가 약한 호박은 도태되는 것이었다. 도시농부의 눈에는 세가 약한 호박이 스스로 성장을 포기하고 자살하는 것으로 비쳐져서 경이롭게 생각되었다. 늦게 일어나 활짝 핀 꽃을 보지 못하고 시든 꽃만을 보는 눈에는 호박꽃이 꽃이 아닌 듯 보이지만 '사랑의 치유' 그리고 '사랑의 용기'라는 꽃말이 호박꽃에 대한 올바른 평이라 믿는다.

8월 들어서면 오이와 호박 모두 소출이 줄어들므로 늦어도 하순에는 넝쿨을 걷고 퇴비를 주며 세 번째 농사를 준비한다. 냉장 보관하였던 김장 무 씨앗을 파종하고 나면 3일 후 발아가 시작되는데 일주일이 지나면 성장 상태를 보고 솎아주어야 한다. 이후로는 호박벌 노릇이 아니라 아침저녁 열심히 물 주는 일이 소일거리가 된다. 11월에 들면 보관하고 있던 튤립 구근을 발아 전에 심어야 하므로 무의 수확 시기를 저울질한다. 다음 해 봄에 튤립을 보기 위하여서는 호박 파종 시기에 함께 심은 고추와 가지를 무와 함께 수확하고 11월 하순까지는 튤립을 심어야 한다. 그래야 추운 겨울을 지나 4월 초에 튤립의 아름다운 모습을 다시 볼 수 있기 때문이다.

올해는 추수감사절을 앞둔 11월 16일 튤립을 심는 것으로 한 해 농사 일정을 마감하려고 한다. 그리고 겨울을 지나는 동안 틈이 나는 대로 농사 정보를 살펴보아야겠다고 생각한다. 5평짜리 농장이지만 제대로 공부하여 오이와 호박의 순 자르기, 무 북돋우기 등을 잘 하면 소출을 늘일 수 있으리라 기대한다. 건물 옥상 바닥을 방수하고 흙을 올려 농사지으며 소일하는 방법을 여러 사람에게 권하고 싶다. 도시의 수많은 건물 옥상을 농장으로 만들면 더위와 추위를 덜 수 있을 뿐 아니라 수많은 도시농부에게 건강한 삶을 가져올 수 있으리라 생각한다.

3부

회고
懷古

1960년대
1970년대
1980년대
1990년대
2000년대
2010년대

'창우호' 승선과 항해 기록

미래를 걸었던 학과는 조항과였다

나는 6·25전쟁 중 부산에 피난하여 초등학교와 중학교를 다니면서 부산항에 정박하고 있던 병원선과 발전선을 바라보며 막연하게 배를 동경하였다. 이 때문에 주위의 의견에 아랑곳하지 않고 유일하게 배를 배울 수 있는 학과였던 조선항공학과에 입학하였다. 상당 시간이 지나고서야 학과에 대한 사항을 알게 되었는데 그 내용을 간추리면 다음과 같다.

해방 후 1946년, 국립대학으로 서울대학교가 설립될 때 이승만 박사는 장차 국가의 기간이 되어야 할 미래의 산업으로 항공산업과 조선산업을 꼽았다. 그리고 그 기틀을 마련하기 위하여 공과대학에 조선공학과 항공공학을 교육할 기관이 필요하다고 주장하여 조선항공과를 개설하였다. 신설학과인 조선항공학과는 1950년 5월

12일 10명의 첫 번째 졸업생을 배출하였다. 이 선배들이 조선공사에 취업하였을 때 6·25전쟁이 시작되었는데 이들은 전쟁 기간 중 선진 외국의 조선 기술을 받아들이는 창구 역할을 하였다. 당시 조선공학을 전공하였던 동문은 우리의 손으로 설계하여 배를 건조하고 진수시키는 것을 염원하였기에 동창회를 '진수회(進水會)'라 칭하였다. 이제 조선산업은 어느새 세계 1위의 지위에 올라 업계를 선도하고 있으며 항공 분야에서는 우주기지를 건설하고 우주로의 진출을 기획하고 있다.

입학 후 모임의 기회

우리는 단기 4292년, 곧 서기 1959년 봄에 서울대학교 공과대학 조항과의 신입생으로 예비 선정 되었고 공릉동 공학캠퍼스 1호관에서 있었던 신입생 건강검진을 거쳐 입학이 확정되었다. 동숭동 캠퍼스 운동장에서 서울대학교 전체 신입생을 대상으로 입학식 당일 배포된 1959년 3월 13일자 대학신문에는 조항과 신입생 25인의 명단이 등재되어 있다.

공과대학 조선항공학과의 신입생이 되었으나 공과대학 신입생 전원을 대상으로 학과 구분 없이 분반하여 교양과정으로 교육이 이루어졌다. 그러다 보니 입학에 앞서 기대하던 전공 교육이 아니라 고등학교 교육의 연장처럼 생각되었고 조선항공학과로서의 소속감도 형성하지 못하였다. 다만 항공공학을 담당하시던 황영모 교수가 학장 재직 기간 중 서거하시어 1호관 앞에서 학교장으로 장례를 지낼 때 참석하였던 일 그리고 학생회 간부들이 신입생을 모아놓고 서울대학교 종합체육대회에 참석하기 위하여 교가와 공과대학 학가를 가르치고 응원 연습을 시켰던 일이 공과대학 학생이라는 소속감과 일체감을 키우는 데 큰 역할을 하였다. 다시 정리하자면 조선항공학과에 입학은 하였으나 1학년 과정을 거치는 동안 공과대학 학생으로 성숙하였을 뿐 신입생이기보다는 진입 예정자였다고 생각한다.

우정의 시발(始發)

서울역에서 경기도 양주군 노해면 공덕리에 소재한 신공덕역까지 화차를 개조한 통근열차를 이용하느라 강의실을 벗어나면 서로 마음을 열고 이야기할 시간이 넉넉하지 않았다. 학교의 위치가 서울시의 경계를 벗어나 떨어져 있었던 까닭에 4·19 당시 대학생 신분이었음에도 학생운동의 언저리에만 있었으므로 학생운동을 통한 인연도 다질 기회가 없었다. 간혹 학교 솔밭에서 막걸리를 나누던 일 등으로 우의를 넓혀갈 수 있었는데 이때의 한 해는 대학에서 처음 만난 친구들이 평생의 친구로 남은 뜻깊은 시간이 되었다. 특히 마음이 모아진 사건으로 조선 전공자를 위하여 해군 ROTC(Reserve Officers' Training Corps) 제도를 개설하라는 요구 조건을 들고 권중돈 국방장관 사저를 급습 점거하여 농성하였던 일을 들 수 있다. 그리고 또 다르게는 불암제에서 학생 수가 많은 학과와 겨루어 소수의 힘을 보이려고 선후배를 가리지 않고 함께하였던 일들이 서로의 마음을 붙들어 매는 역할을 하였다고 생각한다.

조항과의 투혼을 기르다

당시 공과대학에서는 학생 수가 많은 학과들이 우승을 차지하고 학생 수가 적은 학과는 계속 좋은 성적을 낼 수 없어 축제가 관심을 잃어가고 있었다. 그래서 학생회는 이를 해결하는 방안으로 학생 수가 많은 학과들을 A군으로 하고 학생 수가 적은 학과들을 B군으로 분류하여 각 군별로 경기를 치르고 우승을 결정하는 방식을 심각히 고려하기도 하였다. B군에 들어가는 조항과 학생들이 각종 경기에 집단으로 응원하며 "아무래도 조선과가 No.1이다. 그래서 ○○과가 기가 죽었다!"를 외치며 ○○과의 기를 꺾으려 응원하던 소리가 지금도 귓전에 들리는 듯하다. 마라톤에 출전하는 선수들을 응원하기 위하여 출전하지 않는 학우들이 물주전자를 들고 반환점인 한독약품 건물로부터 학교 사이의 요소요소에 배치되어 있다가 선수와 함께 물주전자를 든 채 뛰며 응원하던 일이 아직도 눈에 아른거린다. 이러한 노력이 빛을 보았던지 1959년 입학한 우리 동기들은 투혼을 불사르며 참여한 불암제에서 소수는 결코 다수와 대등한 경기를 치를 수 없을 것이라던 학생회의 우려를 불식시키고 졸업 전 불암제에서 당당한 우승을 맛보았으며 그 전통이 후배들에게 이어졌다.

짧은 만남과 창우회의 시작

1961년 봄 학기에 22명이 3학년으로 진급하였으며 해군 위탁 장교로 김정식(金正植)이 편입함에 따라 창해(蒼海)에 꿈을 품은 조선 전공 15명(權寧顯 金石基 金益東 金正植 金曉哲 裵光俊 徐基鎬 尹孝淵 鄭信淳 鄭春吉 蔡奎平 崔相赫 咸元國 洪剛勳 黃晉柱)과 창공(蒼空)에 뜻을 둔 항공 전공 8명(姜秀康 姜泰甲 郭寅雄 金鎭英 金興泰 盧伍鉉 元好寧 李京東)으로 서로 다른 전공의 길에 들어서게 되었다. 후일 서기호(徐基鎬) 회원이, 1961년 한 해 동안의 짧은 만남이었으나 꿈과 뜻을 푸른 바다와 푸른 하늘에 두었기에 만난 인연임을 되새기며 모임을 '창우회(蒼友會)'로 하자는 제안을 모두가 공감하여 1959년 입학한 우리들의 모임은 창우회로 정해졌다. 이로써 나는 '창우호(蒼友號)'라 부를 수 있는 배에 오른 셈이 되었고 이제 2019년 대학 생활로 시작된 만남이 60년을 넘기게 되니 '蒼'(푸르다, 우거지다, 무성하다, 늙다.)이라는 글자가 가지는 모든 뜻이 다 어우러지는 모임의 한 사람이 되었음을 생각할 때 매우 감회가 새롭다.

공릉동에서 창우회원들이 얻은 수많은 벗

되돌아보면 전공이라는 장벽으로 가르지 않고 지낸 1959년은 공학의 세계를 함께 열어 나갈 59년 입학 동기들 모두가 가까운 벗으로 연결되어 활기찬 생명력을 얻은 한 해였다. 1960년은 창우회가 1959년 입학한 공대 동기회라는 배양토에 뿌리내리고 우리의 뜻을 펼칠 영역을 심해로부터 우주에 이르도록 무한 광대하게 설정한 해였다. 1961년에는 조항과 3학년으로 진급하며 창공과 창해로 꿈과 뜻을 펼칠 전공 영역을 나누었으며 1962년 말까지 각자의 전공 분야에서 지식을 쌓아갔다. 이 시기는 4·19혁명과 5·16군사정변으로 사회적인 격동기였다. 병역제도로 ROTC 제도가 새롭게 실시되기 시작하였으며 대학생들에게 단기 복무 혜택을 주던 학적보유병제도의 폐지를 앞두고 학기마다 친구들이 입대하고 복학하는 일이 이어지면서 매 학기 교실의 구성이 폭넓게 바뀌었다. 이는 학과의 장벽을 넘어서고 학년을 넘어서 교분을 쌓는 계기가 되었다.

공학 세계에 대한 도전에 참여하다

1961년 전공 교육 중에 선박에 관한 강의에 접하면서 전공에 대한 갈증을 풀 수 있었고 일과 시간 이외에도 교수 연구실과 실험실을 찾아 강의 영역을 벗어난 일에도 뛰어들곤 하였다. 당시 학과 교수들은 모두 '미네소타계획'으로 MIT에서 연수를 마친 상태였으며 실험시설도 ICA 원조로 갖추어지고 대학에 연구비도 지급되기 시작하던 시기였다. 조선 전공은 MIT의 아브코비츠 교수가 설계한 중력식 선형시험수조가 국제선형시험수조회의(ITTC)에 한국을 대표하는 선박유체역학 연구시설로 인정되어 국제기구의 정식 회원기구가 되었다. 김재근 교수가 유엔식량농업기구에서 어선의 성능시험 결과를 발표하신 일은 학생들에게 더없는 자랑이 되기도 하였다.

김정훈 교수가 육군 특무대의 연구비를 지원받아 북한의 고속 간첩선에 대항할 목적으로 개발하던 수중익선의 시험선 건조를 위하여 한창환, 정진수 등의 선배와 홍석의, 최상혁 등이 공릉동 5호관 모형 제작실에서 땀 흘리며 일하던 듬직한 1960년대의 모습이 지금도 생생하다. 나 또한 일의 일부를 돕는 한편 대한조선공사의 4,000톤급 석탄 운반선의 모형선을 저항 시험용으로 제작하는 일에 참여하였다. 군 복무 중일 때에는 수중익선의 시운전이 크레인 사고로 실패하고 군사정변으로 후속 연구비가 중단되어 연구 지속이 불가능하게 되었다는 안타까운 소식을 듣기도 하였다.

군 복무를 마치고 복학하였을 때 김정훈 교수는 선체 주위의 유동 이론을 해석하는 과정에서 적분방정식의 해를 구하고자 하였다. 32차 연립방정식의 역행렬을 구하는 문제였는데 여러 학생들과 함께 이에 참여하였다. 지금이라면 문제도 되지 않을 지극히 간단한 것이었으나 수동식 계산기가 가장 강력한 수단이었던 당시로서는 문제를 풀겠다고 달려든 것을 모두가 무모하다고 보았으며 결국은 여름방학을 다 보내고도 답을 구하지 못하였다. 그러나 일제 수동식 타이거 계산기나 미국산 수동식 레밍턴(Remington) 계산기, 이태리제 전동기계식 올리베티(Oliveti) 계산기를 사용하는 것만으로도 뿌듯하게 생각하였던 일이 어제와 같이 새삼스럽다. 3학년 동계휴가 기간 중 대한조선공사에서 실습을 할 때 좌초된 선박의 선체 연장 공사를 미국선급협회(ABS)로부터 승인 받기 위해 도킹 플랜 도면으로 작성하던 일이나 최초의 블록공법을 도입했던 신양호 건조 현장을 체험한 것이 자랑스러운 기억으로 남아 있다.

대학원 석사과정에 진학하다

나는 의가사 제대 해당자였기에 군 복무를 단축하여 복무하였고 1964년에 졸업하였다. 그러나 해당 연도에 조선회사에 취업하기가 어려웠으므로 대학원 졸업 후 전공을 살릴 기회가 있을 것으로 기대하고 대학원에 진학하였다. 4학년 과정을 지나며 선체 구조가 보다 직관적으로 이해되었기에 임상전 교수 문하에서 지도를 받았다. 당시 임상전 교수께서는 대한석탄공사의 석탄 증산에 적합한 갱도 형상 실험을 광산학과의 김동기 교수와 같이 수행하였는데 나는 모형의 제작과 실험에 참여하며 경험을 쌓는 한편으로 구조역학, 재료역학, 탄성학, 고등해석학 등의 과목을 수학하였다. 당시 실험 경험을 바탕으로 선박 구조 부재에 흔히 사용되는 중량경감용 구멍 주위의 응력집중현상을 광탄성학 실험으로 조사하여 석사학위논문을 작성하는 과정에서 정밀가공과 계측에 관한 개념을 알게 되었다.

대한조선학회 회지 창간에 참여하다

지금은 많은 사람들이 인식하고 있지 않은 일이나 박정희 대통령은 국가 발전의 중책을 져야 할 이공계 교수들의 연구 활동을 진작시키기 위하여 연구비를 정례적으로 지급하였다. 그런데 연구 결과를 발표할 수 있는 학술지가 없는 상태였으므로 학회지 발

간이 요구됨에 따라 창간호를 준비하고 있던 황종흘 교수와 임상
전 교수를 대학원 신입생으로서 시중들었다. 상공부에서 보존하고
있던 대한조선학회 창립 문건을 찾아 학교로 옮겼으며 창간 예정
인 대한조선학회지 제호를 받으러 당시 국전 서예 부문 심사위원
장이시던 시암(時菴) 배길기(裵吉基) 선생의 댁을 수없이 찾아다녔
는가 하면 창간호의 편집 교정 작업, 그리고 광고 안의 삽화 작성
과 광고비 징수 등에 힘을 기울이던 오래전의 일 들은 잊히지 않
는 기억이 되었다.

1965년에는 당시 상공부 조선과가 장차 조선산업의 기초 자산
으로 삼기 위한 표준형선 설계사업을 계획하고 대한조선학회에
위임하였는데 이 사업의 전개 과정을 가까이에서 볼 소중한 기회
를 얻었다. 사업시행 시방서의 보고서 작성 부분에 "설계도서는
한국선급협회(현재의 한국선급)의 승인을 받아야 한다"라는 한 줄
문구를 상공부가 삽입한 것이 선주로부터 외면당하던 한국선급
이 성장하는 계기가 되었으며 이는 당시 상공부 조선과에 재직하
면서 사업을 계획하고 추진하던 선배들의 혜안이었다고 생각한다.
또한 이 사업을 계기로 대한조선학회는 정식 행정직원 1명과 사무
용 책상, 전화 1대를 한국선급 사무실 한쪽에 마련할 수 있었고 학
회의 발전이 실질적으로 촉진되었다.

강원도 산골에서 기계설계 실무에 접하다

대학원을 마치던 1966년 초, 두 곳으로부터 취업의 기회가 주

어졌다. 하나는 선대부터 교분이 있던 인천조선에서 취업 제안을 받은 것이고 또 다른 하나는 정부로부터 대한조선공사 인수 의향을 타진 받고 있던 강원산업으로부터의 취업 제안이었다. 조선학을 이해하는 인사가 없다는 것이 장점이라고 잘못 판단하여 강원도 철암에 소재한 강원탄광에 취업하였다. 취업 후 강원산업이 검토하던 사업다각화 계획과 관련하여 석유화학 분야, 산업기계제작 분야, 철강산업 분야, 시멘트산업 분야 등의 사업타당성 검토 과정을 지켜보았고 담당 실무로 기계설계업무와 짧은 기간이지만 공장관리책임을 맡기도 하였다. 회사는 채탄사업과 연탄제조공급을 기간(基幹)으로 하고 광산기계제조업, 골재채취 및 레미콘공급사업 그리고 철강산업에 착수하였다. 조선공학을 공부한 나에게는 광산용 감속기 설계, 연탄 연속성형프레스, 수동변속 선반 등의 설계업무를 수행하였던 것이 기계설계 실무에 입문하는 계기가 되었다.

하산하여 모교로 되돌아가다

광산회사에 재직하던 중 신입 사원을 모집하려 모교를 방문하였다가 대학에 유급조교 자리가 있을 것이라는 임상전 교수의 말씀을 자의적으로 해석하고 회사에 복귀한 후 사직서를 제출하였다. 무작정 학교로 돌아와 임상전 교수의 광탄성 실험실에 자리 잡았으며 임 교수께서 맡아 하시던 실험업무를 지원하였다. 이때 실험실에는 정한영 선배, 석인영 선배 등이 학과에서 수행하고 있던 기본조선학 번역사업과 표준형선 설계사업에 참여하고 있었다. 당시 상당수의 서울대학교 유급조교가 독일정부의 장학금으로 유학할 예정에 있었고 이들이 출국하는 경우 그 자리에 임용될 수 있을 것으로 기대되었다. 하지만 장학생이 귀국하기까지 자리를 보장하여야 한다는 독일정부의 외교적 요청으로 조교 임용이 어려워지자 여러 조교 지망자가 지망을 포기하였다. 학교로 귀환 후 눈치 없이 매일 출근하였는데 6개월 만에 일부 조교 자리를 활용할 수 있게 되면서 출근 성적이 좋았던 것이 여러 지망자 중에서 먼저 조교 자리를 차지할 수 있는 행운으로 이어졌다. 당시 유급조교는 경력과 논문 발표 실적에 따라 전임강사로 임용될 수 있었으므로 실험 논문과 이론 논문을 작성하여 1970년 11월 1일자로 승진임용 되었다.

용접공학 분야의 개척에 뛰어들다

전임강사 발령을 앞두고 학과는 임용 후 학과의 발전을 위하여 학과 교수들이 담당하고 있는 선박 설계, 유체역학, 구조역학, 박용기관(舶用汽罐, 추진기를 회전시키고 물의 저항을 이겨 선박을 나아가게 하는 원동기관을 통틀어 이르는 말) 등의 전문 분야를 제외한 학문 분야 중에서 용접공학과 의장공학 두 분야 중 어느 한 분야를 개척하여 3년 내에 국내에서 두각을 나타내라는 요청을 하였다. 도서관과 서점을 살핀 끝에 문헌 구입이 상대적으로 손쉬웠던 용접공학 분야를 개척하기로 하고 국내의 다른 연구자와 충돌을 피할 수 있도록 열탄성학적인 접근을 꾀하기로 하였다. 이 시기에 김재근 교수가 설계하신 해양경찰의 30노트급 고속경비정이 건조되고 있었는데 김 교수께서 선체 경량화를 위한 알루미늄 용접기술개발을 공동연구로 수행하자고 제안함에 따라 김 교수의 과제에 참여하여 진해 해군공창에 장기체류 하면서 최초의 연구 활동을 경험하였다. 이때의 연구 성과는 키스트(KIST)가 설계하고 학생들의 방위성금으로 건조하고 있던 경비함 '학생호'에 간접적으로 기술 자료로 사용되었을 것으로 지금도 믿고 있다.

단기간 내에 용접공학 분야에서 두각을 나타내야 한다는 학과의 요청이 커다란 부담으로 생각되던 시기에 조선공학과 대학원에 박사과정이 설치되었다. 동시에 서울대학교 발전 계획에 따라 구제 박사학위제도로 논문을 제출할 수 있는 최종 시한이 1975년으로 확정되었다. 제출 자격을 살펴보니 1974년 말로 학위청구논문 제출 요건이 충족되었고 구제 학위제도에 따라 논문을 제출하면 학위취득은 단 한 번 가능하였다.

되도록 빠르게 박사학위를 취득해야 하였기에 구제 학위제도에 따른 박사학위 청구논문을 제출하기로 하였다. 지도교수 없이 독학으로 분야를 개척하여야 하고 논문은 기계공학과에 제출하여야 하는 한편, 많은 사람이 금속공학의 영역이라고 믿고 있는 용접공학 분야에서 학위논문을 준비하여야 하는 것이었다. 지금 되돌아보면 참으로 무모하기 이를 데 없는 결정이었으나 집사람이 싸주는 도시락과 반찬거리를 가지고 출근하여 저녁을 실험실에서 만들어 먹어가며 학교에서 늦도록 연구실을 지키곤 하였다. 노력 끝에 최종 시한에 맞추어 학위청구논문을 제출하였는데 논문 발표회에는 4인의 학과 교수 외에도 기계공학과와 금속공학과 그리고 항공공학과의 교수가 다수 참석하여 발표장이 거의 채워지는 영예를 맛보았다.

논문 심사 지연이 전기(轉機)를 가져오다

논문 심사위원은 기계공학 전공교수 중심으로 구성되었으며 첫 번째 심사에서 이론해석 결과를 입증할 수 있는 실험적 검증이 필요하다고 지적받았다. 탄광에서 기계설계 경험이 있었기에 새로운 계측장비를 설계 제작하는 등으로 실험 준비에 약 6개월이 소요되었으나 신뢰할 수 있는 실험결과가 얻어져 두 번째 심사부터는 비교적 순조롭게 진행되면서 1976년 졸업식에서 학위를 취득하였다. 나는 당시 광산에서 근무하였다는 초라한 경력밖에 없었으므로 학위취득이 스스로 부끄럽게 느껴졌기에 이제껏 학위 가운을 입고 사진을 찍은 일이 없다. 그러나 논문 내용은 어느 정도 주변의 관심을 끌 수 있었는지 학위취득 후 울산대학교 임관 총장의 주선으로 기계공학회 학술 행사에서 학위논문을 발표하는 기회를 갖기도 하였다.

당시 서울대학교 종합화계획으로 공과대학은 관악 캠퍼스로의 이전이 확정되어 있었으며 각종 실험실도 새로이 정비할 수 있었다. 조선공학과에는 일본정부의 해외경제협력기금으로 선형시험수조를 새롭게 계획할 수 있는 기회가 주어졌다. 선형시험수조의 규모가 정하여지면 모든 계측장비는 그에 적합하도록 설계 제작되어야 하였기에 어느 정도 설계 경험이 있는 사람이 실험실 계획과 개념설계를 담당하여야 하였다. 학위논문을 작성하며 스스로 실험 계측장비를 설계하고 제작하였다는 이유로 재능이 있는 것으로 인정되어 수조실험실의 각종 장비의 계획과 개념설계에 참여하였다. 수조의 실험설비 대부분을 이해하였다고 생각할 무렵 학과는 선형시험수조의 책임을 지는 것과 저항추진론 과목을 담당할 것을 요청하였다. 그동안 공들여 용접공학을 열탄성학적 관점에서 구축하였기에 이를 소성역학(塑性力學) 영역으로 발전시키는 한편, 동력학적 응용의 길을 열어보려고 생각하던 것을 포기하고 또다시 실험유체역학과 선박저항추진이라는 새로운 학문 분야를 개척해야 하는 큰 전기를 맞이하였다.

선박저항추진 분야를 새로운 도전의 장으로 받아들이다

새로운 분야를 개척하라는 학과의 요청은 반드시 받아들여야 하는 조건은 아니었다. 그러나 학과의 핵심 교과목인 선박저항추진 과목은 학과의 전임교원이 맡아야 한다는 생각에서 이를 수락하였다. 겨울방학 중 약 90일간에 걸쳐 일본의 모든 대학을 순방하며 조선공학 교육을 시행하고 있던 선박유체역학 실험시설을 살필 기회를 얻었다. 연수 기간은 짧았으나 일본말을 모르는 나는 영어를 모르는 일본의 실험실 기술원들과 부딪혔기에 귀국 시점에는 일본어로 간단한 자기소개를 할 수 있게 되었다. 저녁 시간에는 일본 대학원에서 교육하고 있는 조파저항 이론을 자습하며 귀국에 대비하여 우리말로 강의록을 작성하였다. 황종흘 교수의 소개로 일본의 여러 학자와 접하며 선박유체역학에 조금씩 눈을 뜰 수 있었다.

당시 국제선형시험수조회의에서는 새로운 저항추정법을 마련하고 있었으며 전산기를 이용한 조파저항 이론계산에 관한 국제회의를 미국해군연구소가 주관하여 개최하였다. 이때 수치유체역학의 새로운 장을 열었던 배광준 교수가 국제회의의 의장으로 활약하였는데 석사과정에 입학하여 선박저항추진을 전공하기로 하였던 이승희(현 인하대 교수/대한조선학회회장), 이승준(현 충남대 교수), 류재문(현 충남대 교수), 서정천(현 서울대 교수) 등이 문하에 있었기에 함께 선박유체역학을 공부하며 선박의 조파저항을 계산하여 결과를 얻고 논문을 작성하였다. 새로운 분야에 뛰어들어 3년밖에 되지 않은 상태였으나 세계적으로 전산기의 보급이 초기 단계에 있었고 의장이었던 배광준 교수의 배려 덕분에 1979년 겨울 미국 워싱턴에서 선박유체역학 분야의 세계적인 석학들 앞에서 논문을 발표하는 기회를 얻을 수 있었다.

조선공학의 전기를 맞이하다

세계적으로 조선 경기가 하강 국면에 있었으나 우리나라의 조선산업은 정부의 정책적 지원과 업계의 노력으로 계속하여 신장하였다. 선진 조선국들은 한국 조선산업의 발전을 자연스럽게 견제하였고 1978년 개최된 국제선형시험수조회의에서 대학의 연구시설은 상업용 수조와 차별화되어야 한다는 명분을 내세워 서울대학교 선형시험수조의 회원 자격 박탈을 계획하기에 이르렀다. 활동이 저조하였던 일본의 몇몇 대학의 선형시험수조와 서울대학교 선형시험수조의 현황을 조사하기 위하여 국제선형시험수조회의의 실사단이 한국을 방문하였는데, 이때 선형시험수조의 건립을 계획하던 현대중공업은 경주에서 정성껏 연회를 베풀어 방문단의 의도를 호의적으로 바꾸어주었다. 홍석의의 배려로 이루어진 이 연회로 서울대학교에 실사단이 왔을 때에는 관악산에 건설할 수조의 설계도서만으로 국제회의 회원기관 자격을 유지할 수 있었다.

이 시기에 우리나라는 조선공학 분야의 학술 활동을 국제사회에 알리는 것이 당면 문제였다. 이를 위하여 대한조선학회의 임원진이 현대중공업을 방문하여 재정 지원을 요청하였으며 조선소 현장을 책임지고 있던 홍석의는 본인의 재량으로 매달 집행할 수 있는 최대 금액을 조선학회에 단체 월회비 명목으로 납부하기로 결정하여주었다. 뿐만 아니라 현대미포조선도 단체 회비 납부에 동참하였고 이를 계기로 이듬해인 1982년부터는 대우조선과 삼성중공업도 월회비 납부에 동참하였다. 이때의 도움으로 학회의 회비가 대폭 인상되어 재정적인 안정을 넘어서 국제 학술활동에도 적극성을 가질 수 있을 만큼 여유가 생겼다.

국제선형시험수조 학술 활동에 적극적으로 뛰어들다

배광준 교수가 의장으로 미국에서 개최하였던 선박의 조파저항 전산화에 관한 회의에 참석하고 귀환하였을 때 공과대학은 서울대학교 종합화계획에 따라 1979년 말부터 관악 캠퍼스로 이전하였다. 여러 해에 걸쳐 계획하고 설계하였던 각종 장비가 순차로 도입되었으며 새로운 선형시험수조를 착공하였다.

이 시기에 우리나라에는 인하대학교와 부산대학교가 현대적 선형시험수조를 가지고 있었으나 운용은 활발하지 못하였다. 선박연구소가 대덕에 국제 규모의 수조를 건설하고 있었으며 서울대학교의 수조가 착공 단계에 있었고 현대중공업의 선형시험수조는 계획 단계에 있었다. 짧은 기간이지만 일본에서 여러 시설을 살필 수 있었던 까닭에 부산대학교와 인하대학교의 시설 개선에 필요한 의견을 낼 수 있었고 선박연구소의 시설 건설을 견학하는 한편, 서울대학교의 선형시험수조 건설을 지휘하고 울산 현대중공업의 선형시험수조 기획에 참여하였다.

당시 국제선형시험수조회의가 주관하는 국제 공동연구사업에 동참하기 위하여 일본의 선박연구소를 방문하고 연구 협력을 제안하였으나 한국과의 공동연구는 일본으로서는 기술적 정보를 일방적으로 제공하는 결과가 되고 자기들은 아무것도 얻을 게 없다는 이유로 거부당하였다. 당시에는 참을 수 없는 모욕으로 생각하여 귀국 즉시 국내의 5개 수조가 함께 모이는 기회를 마련하였다. 이 자리에서 국내의 선형시험수조 보유기관들이 우선 공동연구를 수행하며 독자적인 결과를 얻어 국제선형시험수조회의에 보고하기로 합의하였다. 국내의 모든 수조가 부끄럽지 않은 결과를 얻겠다는 사명감을 가지고 실험적 연구에 수년간 심혈을 기울이는 시발점이 되었다.

실험계측용 검력계 설계기술 확보로 선박 성능 평가 기술을 도약시키다

이 시기 국제 공동연구 활동에 병행하여 대학원에서의 석사학위 논문연구가 실험적으로 이루어졌는데 실험 중 선박의 저항을 계측하기 위한 검력계가 손상을 입는 사고가 났다. 가격으로는 약 1,000만 원에 불과하였으나 예산 확보와 발주 도입에 상당한 시간이 소요되어 매우 난감한 입장에 빠질 수밖에 없었다. 검력계를 분해하면 성능을 보장할 수 없다는 경고 표기를 무시하고 검력계를 분해, 계측하여 도면화 하는 한편 대학과 대학원 과정에서 공부하였던 역학적인 지식을 토대로 손상 전 형태로 부품을 가공하였다. 또한 스트레인게이지(strain gage)를 조사하고 회로를 검토하여 회로도를 작성하였으며 이들을 재해석하는 과정을 거쳤다.

대체의 설계 배경을 확인할 수 있게 되어 실험실 직원을 교육기관에 파견하여 회로 구축에 관한 실무 교육을 받도록 하였다. 비전문가가 정밀 계측용 스트레인게이지 타입의 검력계를 분해하고 역(逆)엔지니어링 과정을 거쳐 자체 수리하는 무모한 도전에 뛰어든 것이다. 재가공한 부품을 사용하여 조립한 검력계는 당초의 검력계와 비교하였을 때 민감도에서 차이가 있어서 하중에 대한 출력이 다르게 나타났으나 선형성은 동등하다는 것이 확인되었다. 이를 바탕으로 교정시험기를 설계 제작하고 증폭 비를 조절하여 당초의 제품과 비견한 결과를 얻는 데 성공하였다.

이때의 경험을 바탕으로 단일방향 하중을 계측하는 검력계로부터 다방향의 힘을 동시에 계측하는 다분력계의 설계 개발에도 자신을 갖게 되었다. 또한 검력계를 자체적으로 필요에 따라 설계 제작할 수 있는 능력을 갖추면서 검력계에 맞춰 실험 방법을 생각하고 모형의 크기를 결정하던 관행에서 벗어나 모형을 먼저 선택하고 실험 방법을 구상한 후에 검력계를 설계 제작하는 비정형화된 실험에도 용기를 낼 수 있었다.

이 시기 한국의 전통 노의 추력 발생 기구를 모사(模寫)하고 노에 작용하는 유체력을 계측하는 비정형화된 실험을 하였다. 이때 작성한 논문을 〈대한조선학회지〉에 발표하였는데 후일 뜻밖에도 동경대학교의 명예교수인 사쿠라이 교수는 이를 근거로 논문을 작성하여 일본의 학술지와 〈대한조선학회지〉에 투고하였다. 이때 논문을 작성한 임창규는 동경대학교 박사과정에 직접 입학하였을 뿐 아니라 학위취득 후 동경대학교의 교수로 임용되어 현재까지 활동하고 있다.

선박 설계에 관한 국제회의의 공동주최를 꾀하다

오래도록 세계의 조선산업을 이끌었다고 자존심을 세워온 구미의 선진국들은 패전국인 일본이 세계의 조선산업을 석권하고 있음에도 불구하고 조선학과 선박 설계에서 일본의 존재를 존중하지 않았다. 실제로 선박유체역학 분야의 활동은 국제선형시험수조회의를 중심으로 이루어졌으며 선체구조 분야의 활동은 국제선체구조회의(ISSC)를 중심으로 이루어져왔다. 이 두 회의는 3년마다 세계 주요 조선 국가에서 개최되었는데 일본은 이에 착안하여 두 회의가 개최되지 않는 해에 열리는 것을 목적으로 선박 설계에 관한 국제회의를 창설하였다. 그러나 이 회의를 창설한 배경에는 일본의 저력을 내보이려는 의도가 강하게 작용하고 있어서 구미지역의 국가들은 일본이 창설한 회의에 후속하여 회의를 개최하는 데 관심을 보이지 않았다.

한국은 조선산업이 국제사회에서 주목받기 시작하자 이에 발맞추어 학술 활동에서도 국제적으로 진출하는 것이 절실하게 필요하였다. 한편 일본은 창설한 학술회의가 국제회의로서 정착되기를 바랐기에 제2차 회의를 한국에서 개최할 것을 타진하여왔다. 대한조선학회로서는 임원진이 일본의 제안을 수용할 것인지를 심각히 검토하였으나 대부분 회의적으로 생각하였다. 첫째, 국제회의 개최 경험이 전혀 없는 상태에서 한국이 국제학술회의를 개최하였을 때 차질 없이 운영할 수 있다고 확신하지 못하였으며 둘째, 회의를 개최하였을 때 학술적으로 인정받을 수 있는 논문의 발표를 확신할 수 없었고 셋째, 행사 후 한국의 조선산업에 긍정적인 영향을 줄 수 있을 것인지도 확신하지 못하였기 때문이다. 그러나 학회의 총무이사를 맡고 있었고 배광준 교수가 개최하였던 국제회의에 참석한 경험이 있었으며 홍석의의 도움으로 학회의 재정적 문제가 해결되어 있었기에 행사 준비 실무 책임을 자청하였다.

국제적으로 인정받는 논문을 발표하는 것은 손쉽게 해결될 수 있는 일이 아니었으나 조선산업의 발전과 더불어 귀국하는 과학자들을 유치하여 해외에 있는 과학자들과 연계시킴으로써 국제 공동으로 논문을 작성할 수 있도록 계획하였다. 또 논문 제출자들의 필요 경비도 조선업계로부터 지원 받아 해결하는 등 다양한 논문 작성 독려 방안을 마련하였다. 이와 같은 방법들로 내용 면에서는 훌륭한 발표 논문을 마련할 수 있을 것으로 기대하였으나 양적인 면에서는 한국의 조선산업과 학술적 배경을 국제사회에 알리기에는 부족하다고 판단되었다. 조선학회 이사회에서 수차례 논의 끝에 일본과 공동주최하는 경우 많은 문제가 해결될 것이라는 판단이 서서 일본조선학회와 동경에서 전반부를 개최하고 한국으로 이동하는 과정에서 우리나라의 신생 조선소들을 견학하며 서울에서 후반부를 개최하는 형식으로 합의가 이루어졌다.

행사 준비가 국내에 한정된 것이 아니어서 비수교 공산권에서 온 참석자가 일본에서 한국으로 이동할 때 안전이 보장되어야 함은 물론 보안에도 상당한 대비가 필요하였다. 양국 간을 빈번하게 왕래하며 준비를 하였는데 참석자들을 항공편으로 입국시켜 조선소로 가는 동안 휴게 장소의 선정과 이용 가능한 화장실 위치 파악에서부터 버스의 정차 및 회차 지점에 이르도록 상세한 검토와 예비 점검을 거쳐 계획하였다. 단순히 회의 장소를 마련하여 학술

논문을 발표하는 것과는 달리 국가 간 공동개최에 따르는 의전적인 문제뿐 아니라 등록에서 폐회에 이르는 전 과정에 수많은 문제점이 내포되어 있었다. 하지만 모든 어려움을 극복하고 행사를 무사히 마칠 수 있었으며 당시 하강 국면에 있던 세계 조선시황에도 불구하고 지속 발전하고 있는 우리의 조선산업을 참석자들에게 각인시킬 수 있었다. 산업과 학술활동이 우리와는 비교가 되지 않던 일본과 모든 면에서 대등하게 학술회의가 이루어지도록 힘을 기울이고 한국 측 총무의 역할을 맡아 행사를 성공적으로 치러낸 점은 27년이 지난 지금도 자랑스럽게 생각하고 있다.

일본 고베에서 한국선형시험수조회의의 저력을 보이다

우리나라에서는 선박연구소와 서울대학교 그리고 현대중공업이 새로이 선형시험수조를 마련하고 시험법 정립을 위한 공동연구를 국제선형시험수조회의가 주관하고 있는 기준 선형을 사용하여 수행하였다. 새로운 수조들로 각종 실험 조건을 표준화하고 반복 시험을 통하여 신뢰할 수 있는 연구 결과를 얻으려 노력하였다. 놀랍게도 1872년에 선박의 저항을 조파저항과 마찰저항으로 나누어 추정하는 방법이 윌리엄 프루드(William Froude, 1810~1879)에 의하여 제안된 이후 100년이 지나도록 사용되어왔으나 시험수조 기관별로 관습화된 시험법이 적용되었을 뿐 구체적으로 표준화된 시험법이 없는 상태였다. 우리나라의 4개 수조가 공동연구로 얻은 결과를 국제선형시험수조회의에 보고하고 1987년 가을 일본 고베에서 개최된 회의에서 발표하였다.

우리나라가 발표한 연구 결과는 신생 수조에 기대할 것이 없다고 생각하던 국제사회에 충격을 주기에 충분한 것이었다. 경험과 규모로 보면 내놓을 것이 없어야 하는데 한국의 결과 특히 서울대학교 선형시험수조에서 발표한 결과가 전 세계 22개 연구기관이 제시한 시험 결과의 평균치와 정확하게 일치하였다. 이에 국제선형시험수조회의는 시험 결과 평가 방법에 관하여 3년간의 새로운 국제 공동연구를 계획하였으며 1993년 우리의 시험법에 기초한 시험 평가 기준을 마련하고 ISO 9001의 선형시험기준으로 채택하였다. 한국의 선형시험기술이 국제사회에서 확고부동하게 인정받는 계기가 된 공동연구 활동에서 서울대학교가 주역이었던 사실을 자랑스럽게 생각하며 이를 인정받아 2010년 대한조선학회 추계학술대회에서는 STX학술상을 수상하였다.

우리 조선산업의 힘을 세계에 알리다

세계 조선시황이 저점에 이르던 1986년에 우리의 조선산업은 과당경쟁을 방지하려 노력하는 한편으로 선박 수주 활동에서 일본과 대등한 경쟁을 벌여 1987년 마침내 일본을 앞질렀다. 선주의 요구 사항을 충족시키는 독자적인 선박 설계로 시장에서 경쟁하고 있는 우리나라의 조선산업을 세계는 놀라움으로 바라보았다. 이 시기에 조선산업은 심각한 노동쟁의로 어려움을 겪었으나 정부는 1989년에 조선산업 합리화 조치를 취한 바 있다. 같은 시기에 조선업계는 조선시황의 회복을 확신하고 생산성을 향상하며 설비 투자를 확대하였으며 이에 세계가 경계하고 견제하기 시작하였다.

1983년 일본과 공동으로 주최하였던 선박 설계에 관한 국제회의(PRADS)를 이제는 독자적으로 개최하여 우리의 발전된 조선산업을 보다 구체적으로 국제사회에 인식시키자는 논의가 조선학회 원로회원들을 중심으로 대두되었다. 국제회의로 자리 잡은 선박 설계에 관한 국제회의를 유치키로 하고 힘을 기울인 결과 1995년 한국 개최가 확정되었다. 우리나라는 1993년에 산업 합리화와 연계되어 있던 투자 규제 조치가 해제되었는데 이때 발 빠르게 대대적인 설비 확충을 단행하여 한국의 7개 조선소가 세계 10대 조선소 안에 들 수 있었다. EU가 한국을 선진 조선국 대열에 끼워넣어 'OECD WP-6(Organization for Economic Cooperation and Development, Working Party-6)'의 정식 회원국이 되었고 조선산업은 모든 산업 분야 중에서 가장 먼저 선진의 대열에 합류하였다.

1994년 대한조선학회 회장으로 선출되어 1995년에 개최되는 국제회의 의장을 맡는 영예를 얻었기에 세계 각지를 다니며 국제회의의 조직과 준비 업무를 담당하였다. 특히 내가 의장이었던 서울 PRADS'95 회의에 네덜란드의 선박연구소 소장인 오스테르펠드(Oosterfeld)가 secretary의 업무를 수락하였던 것은 한국 조선산업에 대한 인식의 전환이 어디에까지 이르렀는지 보여주는 좋은 예가 되었다. 이 회의 개최 기간 중 국제선형시험수조회의와 국제선체구조회의의 연례 이사회회의를 유치함으로서 PRADS 회의를 실질적인 조선 분야의 핵심 국제회의로 정착시켰다.

회의 개최에 기업들은 많은 참석자를 정식으로 등록시켜 행사를 지원하였고 행사 후 현장 견학을 도와주었다. 영국 뉴캐슬어폰타인(Newcastle Upon Tyne)대학의 벅스턴(Buxton) 교수는 조선소 견학을 마치고 귀국 후 보낸 서신에서, 도크 내 1척의 선박을 건조하는 공정을 학생들에게 교육하며 자부심을 가지고 있었는데 하나의 건조 도크에서 다수의 선박을 동시에 건조하는 한국의 조선소를 보는 순간 새로운 시야가 열리며 마음속에 태풍이 휘몰아치는 큰 충격을 받았다고 전하여왔다. 우리의 조선산업이 세계를 상대할 수 있는 당당한 힘을 가졌음을 자부하게 하는 서신이었다.

선박 성능 평가를 위한 선박모형 시험시설의 국산화에 나서다

뒤늦게 조선산업에 참여한 삼성중공업은 국제경쟁력 강화를 위하여 선박의 성능을 평가하는 자체 유체역학 실험시설의 확보가 긴요하다고 판단하고 이를 자력으로 마련하기로 하였다. 이에 세계적 규모의 선형시험수조와 캐비테이션(cavitation)터널을 자체 개발하게 되었으며 비교적 다양한 경험을 가지고 있었기에 자연스럽게 이 사업에 참여하였다. '선박 및 추진기의 유체역학적 특성 규명을 위한 계측시스템의 설계 개발에 관한 연구'라는 제목으로 연구용역을 체결하고 각종 계측기를 설계하는 일을 맡았다. 일반 상선과 고속선박의 저항 성능을 시험하기 위한 저항(抵抗)동력계 2종, 선박의 파랑(波浪) 중 운항 성능 평가의 기준이 되는 6자유도 운동계측장비와 강제동요장치 그리고 조타장치, 선박의 추진 성능 평가의 기준이 되는 자항(自航)동력계, 모형선용 프로펠러동력계 및 사류동력계 등의 기본 설계를 담당한 것이었다. 이외에도 선체 주위의 유동(流動) 특성을 파악하기 위한 반류측정장치와 반류계를 설계하였으며 모형에 작용하는 유체력을 계측하기 위하여 1분력에서 6분력에 이르는 각종 스트레인게이지 타입의 검력계를 설계하였다. 이 사업을 위하여 일본으로부터 선형시험수조 실험 전문가인 히로시마대학의 나카토 미치오 교수로부터 자문을 받는 한편, 기계 가공업체 등을 방문하며 실현 가능한 설계가 되도록 노력하였다.

삼성중공업의 실험시설이 완공되었을 때 뜻하지 않게 선박유체역학 실험장비의 전문공급업체인 독일의 켐프앤드레머(Kemp and Remmer)가 도산하였다는 소식을 들었다. 불황을 거치는 동안 켐프앤드레머는 실험장비 수요가 감축되었고 공장도 가동을 중단할 사태에 있었는데 삼성중공업의 수조실험장비를 수주하리라 확신하고 계약하기도 전에 작업에 착수하는 실수를 하였던 것이다. 삼성중공업이 실험 기자재를 자체 개발하여 국산화가 이루어지면서 결국 켐프앤드레머는 도산하고 영국계 기업에 흡수 합병되었다. 이 과정에서 삼성중공업 연구소는 각종 계측기기의 자급자족이 가능한 형태로 기술을 축적하였으며 독자적인 선박 성능 평가 기술을 보유한 세계 굴지의 조선소로 성장하였으니 이에 도움이 되었음을 자랑스럽게 생각한다.

한국해사기술과 협력하여 선형 개발에 뛰어들다

국내의 대표적인 선박설계기술회사인 한국해사기술은 선박 설계 과정에서 선박 성능의 평가를 선박연구소(현 해양시스템안전연구소)에 장기간 의뢰하였다. 조선산업의 발전으로 선박연구소에 의뢰하는 업무가 늘면서 시설 이용이 점차 자유롭지 못하게 되어 대안을 모색하던 시기에 서울대학교의 실험계측이 국제적으로 공신력을 가질 수 있다는 결과가 나옴에 따라 자연스럽게 한국해사기술과 협력관계가 구축되었다. 한국해사기술은 주로 관공선을 대상으로 하여 설계업무를 지원하였기에 해양경찰청의 형사기동고속정, 경비함정, 수산청의 해양조사선, 어업지도선 등의 성능평가업무를 지원하였다. 이중 5,000톤급 경비함정인 삼봉호는 해양경찰의 대표적인 경비함으로 자리 잡아 독도 방어업무에 임하는 늠름한 모습을 TV 화면에서 볼 때마다 자부심을 느낀다.

대표적으로 30만 톤급 유조선 4척을 중국이 수주하였는데 이란의 선주는 한국해사기술의 설계로 건조할 것을 요구하였다. 중국 조선소는 한국의 설계로 유조선을 건조하였고 현대조선에서도 자매선을 건조하였다. 그런데 한국해사기술이 여러 조선소에서 건조되는 선박의 감리를 맡았다는 이유로 산업기술의 해외 유출 의혹을 받게 되었다. 어느 날 갑작스럽게 국정원의 담당조사관이 학교 연구실로 찾아와 선형 시험 과정과 결과를 조사하였는데 이때 비로소 유출의 공범으로 의심 받고 있음을 알게 되었다. 그러나 시간이 지나면서 중국에서 건조된 선박의 설계와 성능이 국내에서 건조한 선박과 다르다는 선주의 평가가 나오면서 혐의를 벗을 수 있었다.

같은 시기에 당시로서는 최대급인 5,600TEU급 컨테이너선의 선형을 한국해사기술과 개발하였는데 선박의 성능이 우수한 것으로 확인되었다. 이를 입증하기 위하여 한국해사기술은 외국의 이름난 연구기관에서 선형의 성능 평가를 재확인하였다. 내심 걱정되기도 하였으나 이로써 서울대학교의 실험이 정확하였음을 확인한 것은 성과의 하나라고 생각하며 기회가 되었을 때 누군가가 이 선형을 더 발전시키기를 소망하고 있다.

인력선 경기대회를 도입하고 정착시키는 계기를 마련하다

어느 날 문득 대학 입학 당시 보트를 제작하려고 노력하던 일이 떠올랐고 당시 함께 애쓰던 선후배들이 모두 우리나라 조선산업의 발전에 주역이 되었다는 점에 생각이 미쳤다. 또 국내에서 학생들이 직접 배를 설계하고 제작하여 성능을 겨루는 경기가 있으면 좋겠다는 생각을 하였다. 마침 일본 히로시마대학의 나카토 미치오 교수는 소형 고속선 분야에도 전문적 지식을 가지고 오래도록 소형 고속선 개발에 관여하면서 인력선 및 태양광 추진 보트 경기의 심판장을 맡아오고 있었다. 이에 일본에서 이루어지고 있는 인력선 경기대회에 관한 경기규칙부터 경기기록의 변천과 선박 제작기술의 변화에 관련된 정보를 요청하였다. 기다리던 자료를 나카토 교수로부터 받아 살펴보니 보잘것없어 보이는 인력으로 추진하는 소형 선박이지만 조선학의 모든 기술 요소가 함축되어 있어 학생들에게 동기 유발과 함께 진취적인 기상을 불러일으키며 협동심을 키우는 데 도움이 되리라 생각하였다.

입수된 자료를 바탕으로 하여 국내에서 같은 형식으로 정례적 대회의 개최 가능성을 모색하였다. 충남대학교 인근의 갑천이 경기장으로서 우수한 환경을 갖추고 있어 김형태 교수(전 충남대학교 학장)에게 모든 자료를 넘겨 1999년 인력선 경기대회를 조직하도록 지원하였고 2018년 제20회 '휴먼-솔라보트축제(Human and Solar Powered Vessel Festival)'가 개최되었다. 이 행사는 제20회 대회를 끝으로 종료되었으나 앞으로 조선계를 이끌어갈 젊은이들이 꿈과 협동심을 키우는 계기가 되었다고 생각한다.

소형 FRP 어선 건조공법 개선에 관심을 두다

당시 자연스럽게 인력선 경기대회에 참석하는 학생들과 함께 경기정을 FRP로 제작하고 박정희 대통령이 국가 경제를 살리는 과정의 하나로 어선의 선질 개량사업과 표준형선 설계사업에 근거하여 작성한 FRP 선박 관련 각종 연구보고서와 자료를 다시 살폈다. 자료 검토 과정 중에 FRP 선박의 건조공법에서 필요불가결한 형틀을 사용하지 않고 선박을 건조할 수 있는 공법을 개발한다면 막대한 경제적인 효과를 기대할 수 있다고 판단하였다. 그래서 해양수산부에 연구과제로 신청하여 선정되었으며 1999년 초부터 3개년에 걸쳐 연구에 착수하였다. 선박의 형상을 전개 가능한 선형으로 변환하고 전개 외판을 평면에서 성형하여 이를 선체 형상으로 변형, 결합시켜 선각(船殼, 배의 골격과 외곽을 형성하는 구조 주체)을 제작하는 방식을 개발하는 연구이다. 이 연구는 국제회의에서 큰 관심을 불러일으켰으며 해양수산부의 최우수 연구 성과로 선정되는 영예를 얻었다.

그러나 수산업의 쇠퇴로 어선감척사업이 진행되고 까다로운 FRP 어선의 폐선처리 문제로 애초 어선에 적용하여 어민에게 도움을 주려던 뜻과는 다른 방향으로 상황이 변하였다. 당연히 연구에 참여하기 위하여 제자가 창업하였던 어드밴스드 마린테크도 어려움을 겪었다. 기술적으로 우수하여도 시장이 위축되고 있어서 산업화가 어려웠다. 곧 FRP 어선 건조에 관한 신기술이 빛을 볼 수 없는 어업환경으로 바뀐 것이었다. 뒤이어 해양수산부가 낚시승객에게 임대도 할 수 있고 직접 어업활동도 가능한 낚시어선 공급사업을 지원함에 따라 10톤 미만의 낚시어선에 신기술을 적용하고자 하였다. 그러나 낚시어선의 수요가 미흡하고 정부가 지원을 중단하면서 개발한 기술이 실용화 단계에서 사장되고 말았다.

경정보트의 국산화로 새로운 연구 기회를 열다

그즈음 국민체육진흥공단은 경륜사업의 뒤를 이어 경정사업을 준비하고 있었다. 경정사업은 일본에서 인기가 있는 사업으로 일정 비율의 수익금을 재단에 전달하면 대부분 조선 기술 개발에 투입함으로써 일본의 조선이 세계 선두 위치를 장기간에 걸쳐 유지하는 원동력이 되어왔다. 우리나라에서도 경륜과 경정사업을 운영하여 수익금으로 산업 발전을 유도하려는 계획에서 일본과 유사한 법령을 제정하고 사업을 준비하려 하였다.

그러나 경정사업에 관심을 두는 사람들 사이에서는 경정경기를 하려면 경기용 선박과 엔진을 일본에서 구매해야 한다는 의견이 지배적이었다. 사업 계획 의도와는 다른 방향으로 일이 전개되고 있다고 생각하여 경기용 선박과 엔진을 국산화하여야 한다는 여론을 조성하는 한편, 나카토 교수로부터 받은 자료를 바탕으로 대학의 연구실은 경기용 선박을 설계 개발하고 진주의 대동기계는 경기용 엔진을 개발하게 하였다. 실험실에서 개발한 시험 선박에 일제 엔진을 장착하고 한강에서 수행한 시운전에서 GPS로 계측된 속도가 70km/hr에 달하여 경기용 선박으로 사용 가능하다고 확인되었다. 국민체육진흥공단이 경정 선형을 기본형으로 하여 대동기계에서 개발한 선외기(out board engine)를 장착한 경기용 선박으로 응찰하여 납품 기회를 잡았다.

만재배수량이 200킬로그램에 못 미치고 기관 출력도 30마력에 불과하지만 40노트의 속력을 내는 고성능 고속선박 120척을 납품하게 된 것이다. 대수롭지 않게 생각되는 선박이지만 납품되는 120척의 선박과 엔진이 균등한 성능을 가지고 있어야 경정경기에 사용할 수 있기에 자동차 생산과 같이 동종 다량의 일관생산 라인을 구축하여야 하였다. 또 초경량 선박으로서 급가속, 급변속, 급선회라는 극한 조건에서 사용되고 선행 선박이 발생시킨 파도로부터 지속적으로 충격을 받기에 수명이 매우 짧아 기술적인 발전이 요구되었다.

결과적으로 작지만 기술적으로 매우 까다로운 경정경기용 보트를 균일한 성능을 가지도록 일관생산 할 수 있었다. 하지만 선박의 수명 향상은 선박 발주량을 줄이는 결과로 이어졌으며 국가 기관이 동일 업체에 동일 품목을 반복 발주하는 것은 부정의 개연성이 있으므로 공개경쟁 입찰을 거치라는 감사 지적이 있었다. 결국 기술 축적이 이루어져 있고 우수 제품의 생산 실적을 가지고 있음에도 후발 경쟁업체의 출혈성 저가 응찰에 납품 기회를 상실하였다. 어찌 되었건 대형선 건조를 중심으로 하는 우리나라의 조선산업 구조에서 소형 고속선 분야에 관심을 두어 선박 생산에 동종 다량 일관생산 라인의 구축이라는 새로운 장을 열었다는 점에서 자랑스럽게 생각한다.

경정사업으로 수익금이 발생하자 2010년에는 수익금으로 300억 규모의 해양장비 경쟁력강화사업을 위한 소형선 개발 연구비가 배정되었는데 이 과정에 조금이나마 도움이 되었다고 조선공학을 공부한 기술자로서 자부한다.

선박의 횡동요 안정화 장치 국산화로 함정 정보 유출을 막다

한국해사기술과 협력하여 공공 선박 개발에 참여하며 경험하였던 일 중에 늘 해결해야 할 숙제로 남은 일이 있었다. 중소형 선박은 비교적 작은 파도에도 동요하여 승선자가 겪어야 하는 멀미를 조금이라도 덜어주어야 하였다. 특히 정박하여 출항 대기 상태일 때에도 소형 경비함정은 쉽게 심하게 동요하여 승조원의 작전 능력이 크게 저하되기도 하였다. 파도로 형성되는 불평형력(不平衡力)이 선박에 주기적으로 동요를 일으키므로 이를 감쇠시키려면 기진력(起振力)에 대하여 역위상(逆位相)이 되는 힘을 발생시켜주어야 한다. 이 단순한 원리는 오래전부터 잘 알려져 있던 것이어서 선박에 적재된 액체를 주기적으로 이동시키는 감요수조장치(anti rolling tank system)가 활용되어왔다.

우리나라의 조선 기술이 세계적으로 발전되어 있음에도 이 감요수조장치의 설계는 해외에 의존하고 있었다. 조선소나 조선 기술자로서는 외국의 설계회사에 설계비를 지급하면 설계도서를 받을 수 있고 선체 건조와 함께 제작할 수 있는 일이어서 가볍게 처리하고 있었다. 그러나 설계를 담당하는 외국의 설계업체에 우리가 건조하려는 경비함정의 선형 정보와 탑재장비에 관한 상세 내용을 제공해야만 제대로 된 설계를 얻을 수 있다는 점이 문제였다. 이러한 사실이 늘 마음에 짐으로 남아 있었기에 과학재단에 연구비를 신청하였으며 충남대학교의 류재문 교수와 공동으로 연구를 수행하였다.

해양수산부가 시행한 어선감척사업에 따라 상당수의 선박을 정부가 어민들로부터 인수하고 일부 선박은 어업지도 선박으로 개조하기로 하였다. 이 선박은 감요수조장치를 두도록 개조하여야 하였는데 감요수조장치를 국산화하기 위하여 설립한 슈퍼센추리라는 벤처회사가 응찰하였다. FRP 어선 개발 연구과제 수행을 호의적으로 살펴왔던 검사기술협회의 지원으로 감요수조장치의 설치에 참여하는 기회를 얻었다. 일본 업체가 장악하고 있던 선박용 감요수조장치의 공급 사업에 뛰어들어 경험 없는 작은 벤처회사가 설계도서만을 가지고 경쟁하여 설계업무를 받았던 것이다. 초기에 상당한 어려움을 겪었으나 순차적으로 수주를 확대하여 슈퍼센추리는 이제 전문업체로 자리 잡았다.

한국의 배를 되새기며 퇴임을 준비하다

2001년 8월 12일 갑천에서 있었던 인력선 경기대회에서의 일이었다. 대회를 참관하기 위하여 일본에서 온 나카토 미치오 교수가 일본에서 한국의 조선산업에 대한 기사를 작성할 때 한국경제인연합회가 편찬한 『한국의 조선산업』을 참고한 일이 있었는데 이를 일본에 번역 출간하는 것이 뜻이 있는 일이 되리라는 제안을 하셨다. 이 일은 일본어에 상당한 지식이 있는 인사들의 지원이 필요하였으므로 조선계의 원로들과 연계한 번역사업을 계획하였고 간사 역할을 하며 일을 수행하였다. 그러나 나카토 미치오 교수는 번역사업 진행 도중 애석하게도 지병으로 별세하셨는데 일을 마치지 못하여 안타깝다는 말을 남기셨다는 이야기를 듣고 번역을 종결하기로 하였다.

일본 NKK에서 퇴임한 나리타 스메이[成田秀明] 박사의 일본어 감수를 받아 번역을 완결하였으나 일본 내의 출간 기회를 잡지 못하여 상당 기간의 노력으로 얻어진 원고를 출간하지도 못하는 문제에 봉착하였다. 경제인연합회의 양해를 얻어 국내에서 한정판으로 『韓國の造船産業』(2004, 韓國の造船産業(日語版), 編纂委員會, 金曉哲, 曺奎鍾, 黃宗屹, 仲渡道夫, 洪性完, 金士洙, 成田秀明, 張 哲, 金正鎬, 梁承一)을 발간하였다. 비록 한정판이기는 하였으나 한국의 조선산업을 일본에 소개하는 도서를 번역 출판하여 홍보하는 기회를 만들었음을 매우 자랑스럽게 생각하고 있다. 『韓國の造船産業』 출간이 뜻하지 않게 반응을 불러일으켰지만 일본으로부터의 요청에 응하지 못하고 CD로 제작하여 보내기도 하였다. 『韓國の造船産業』을 출간하며 우리나라의 젊은 세대와 국민이 조선산업에 좀 더 가까워질 수 있도록 조선 기술을 개관하는 도서를 편찬하는 것이 뜻이 있겠다는 판단에 퇴임을 앞두고 편찬하리라 생각하였다.

대학에서 강의를 하면서 대한조선학회를 중심으로 활동하였는데 학회가 발간하는 〈대한조선학회지〉 표지에 한국의 우수 선박을 소개하도록 한 일이 있었다. 또 우리나라의 조선소에서 건조한 다수의 선박이 외국의 이름난 간행물에도 소개되곤 하였다. 이러한 선박들을 모아서 하나의 도서로 정리하고 관련 기술을 해설한다면 한국의 조선산업을 바르게 홍보할 수 있고 의미 있는 일이 되리라 생각하여 관계자들과 도서 집필에 뜻을 모았다. 폭넓은 호응이 있어서 그동안 우리의 기술로 설계하고 우리의 손으로 건조한 178척의 선박을 소개하는 동시에 우리나라 조선산업의 발전 과정을 개관하고 산업의 전망을 제시하는 도서로 집필하되 판권을 대한조선학회에 이양하기로 참여자들 모두가 흔쾌히 동의하였다.

다행히 이 도서는 업계의 사랑을 받는 도서가 되었으며 2006년도 제24회 과학기술도서 출판협회 연례표창 사업에서 저술부문 과학기술부장관상에 선정되었다. 이공계 도서로서는 쉽지 않은 10,000권 인쇄도 기록하였다. 집필 당시에는 5년 후에 좀 더 풍요로운 내용으로 개정판을 만들자는 의견이 있었는데 어느새 15년이 지났으니 조선소들의 뜻을 모아 개정판을 편찬하는 날이 오기를 희망하고 있다.

인하대학교 정석물류 통상연구원에 새로운 둥지를 틀다

2000년경부터 정년 퇴임 후의 일을 생각하기 시작하였으며 선형시험수조와 연관하여 다양한 경험을 가지고 있었기에 계측기회사를 만들고자 하였다. 2002년 발기인 모임에서 정관을 제정하여 자본금 1억 원의 회사 설립을 계획하였다. 그런데 뜻하지 않게 투자 금액이 목표를 훨씬 상회하는 상태로 입금되었다. 한편으로는 자랑스러운 일이었으나 사업을 기획한 당사자로서는 부담이 커서 자본금을 키우는 것이 내키지 않았다. 자본 규모를 유지하기 위하여서는 자신의 출자 규모를 줄이는 것 또는 출자자의 투자 규모 감축을 유도하는 것이 가능한 해결책이라고 생각되었다.

이 과정에서 설립자의 경영권 확보가 불확실해졌는데 이에 더하여 투자자들 사이에 회사가 설립되기도 전인 상태에서 주식 지분 비율을 놓고 분쟁이 생겼다. 결과적으로 퇴임 후를 대비하여 소규모의 회사로 시작해서 일자리를 마련하려는 계획이었으나 가까운 지인들 사이에 금이 가는 일부터 나타났다. 문제를 해결하려 한동안 고민하였으나 틈을 봉합하려면 창업 시기를 늦추는 것이 필요하여 투자자들에게 투자액을 모두 환급처리 하였다.

다시 3년이 지나 퇴임을 목전에 두고 '오이시스(OESYS)'라는 명칭으로 회사 창립을 계획하고 있을 때였다. 퇴임식 자리에서 인사 말 중에 연금지급자로 신분이 바뀌므로 연금지급액이 감액되지 않는 범위 안에서 소액의 급여를 제공하는 안정적인 자리가 있다면 봉사할 의향이 있다고 하였다. 그러자 퇴임식에 참석하였던 인하대학교의 교수들이 인하대학교에 조중훈 사장의 아호를 딴 '정석물류통상연구원'이 설립되고 교육과학부의 우수연구센터로 지정되어 조선 분야의 학위 소지자를 찾고 있다며 참여 의사를 물어왔다. 처음에는 물류통상과 관련된 지식이 없어 고사하였으나 물류통상을 지원하는 선박 기술이고 근무 장소도 고속선 시험 동(株)에 있어 퇴임 전까지 하던 일이 연관되리라 생각하여 두 번째 창업 시도를 접고 인하대학교 정석물류통상연구원의 연구교수로 부임하였다.

정석에서 재임하는 5년 사이에 30편의 논문을 국내외의 학술지에 발표하거나 학술 행사에서 발표하였고 2건의 도서 집필과 5건의 보고서를 작성하였으며 8건의 특허를 출원한 바 있다. 젊은이들의 일자리를 차지하고 있다는 부담에 보다 노력하여 실적을 올린 것이 퇴임 후 5년간 일을 지속할 수 있게 하였다고 생각한다.

비조선 기술자를 위한 조선 기술 해설서 집필을 계획하다

인하대학교 정석물류통상연구원에서 2011년 말에 퇴임하기로 마음을 정하고 1년의 기간 동안 할 수 있는 일로서 『조선기술』이라는 해설서를 집필하는 것을 구상하였다. 책을 집필하려고 한 이유는 다음의 세 가지이다.

첫째는 한국의 조선산업이 세계 제1위에 올라서는 동안 조선기자재산업도 조선산업과 함께 발전하여 조선기자재 시장의 주요 공급자로 성장하였다는 사실이다. 기자재산업 분야에 종사하고 있는 기술자들은 좀 더 나은 조선기자재를 공급하기 위하여 업자들 스스로 연구회를 조직하고 조선산업에 대한 이해를 높이기 위하여 외국의 조선 기술 해설서를 윤강 형식으로 공부하고 있었다. 조선 기술은 세계 최고이나 그것을 바르게 이해하는 데 도움이 될 만한 도서가 없으니 이를 신속히 해결하여야 하였다.

두 번째는 한국의 조선산업이 호황을 맞아 조선 수주가 늘어남에 따라 선체 블록 공급기지를 국내뿐 아니라 중국에도 마련하였으며 상당수의 조선 기술자들이 중국에 진출하였다는 것이다. 이러한 조선 환경은 조선 수주 환경의 변화와 조선 기술 인력수급에 충격적인 변화를 가져와 조선공학 교육을 담당할 많은 학과가 개설되었으나 교육에 사용할 적정한 교재가 없어 역시 빠르게 도서를 편찬하는 일이 요구되었다.

셋째는 조선소에서 근무하는 기술인력의 80퍼센트가 비조선 분야의 출신들로서 이들의 조선 기술 이해도가 선박 건조에 직간접으로 영향을 끼치고 있다는 점이다. 따라서 모든 조선소들에서 사내 교육을 통하여 사원들의 조선 기술에 대한 이해도를 높이려 노력하고 있으나 교육에 적합한 자료가 없어 조선소들은 자체로 준비한 교안에 의존하여 조선 기술을 교육하고 있다.

이러한 현실적 배경이 있었기에 『조선기술』을 우선 집필하기로 생각하고 의견을 모으기로 하였다. 학회의 지원과 업계의 호응 그리고 한국해사기술의 적극적인 협찬을 얻었으며 출판사의 인세 선급금을 확보하였다. 2010년 11월 조선 기술 편찬에 참여할 편집진이 구성되었고 2011년 12월 30일 초판을 발행하였다. 출간된 도서는 회원들 사이에 사랑받는 책자가 되었는데 대한조선학회는 학회 창립 60주년 기념사업의 하나로 영문으로 번역하여 『Shipbuilding Technology』라는 이름으로 전 세계에 공급하고 있다. 집필에 참여한 여러 위원들의 노력으로 이루어진 자랑스러운 성과라고 생각한다.

중소기업이 필요로 하는 기술지원에 끊임없이 도전하다

정석물류통상연구원에서 연구교수로 3년이 좀 지났을 때 국내에 선박모형 시험시설을 공급하는 전문기업인 동현씨스텍으로부터 기술지원 요청을 받았다. 매월 세 번째 수요일을 정하여 부산에 있는 동현씨스텍 사무실을 찾아 전자문서로 주고받은 내용을 중심으로 자문에 응하였다. 감요수조장치를 공급하는 수퍼센츄리와 경정보트를 생산하던 어드밴스드 마린테크를 포함하면 이것이 세 번째 중소기업 기술지원이다.

동현씨스텍은 국내로부터 상당량의 수주를 기록하였으며 인도네시아, 말레이시아, 이란 등 해외로부터도 몇 차례 견적 요청을 받은 바 있다. 특히 이란으로부터 고속 예인전차와 초정밀 레일을 수주하였으며 2010년에는 조파기와 고속선용 강제동요장치를 수주하였다. 고속선용 강제동요장치는 고속선 시험용으로 사용된 사례가 없는 장비여서 이를 견적 낸다는 것 자체가 매우 도전적인 결단을 요구하는 일이었다. 길이가 400미터인 수조에서 활주형 고속정을 강제로 동요시키며 예인하여 고속정에 작용하는 유체역학적 특성을 계측하는 장비의 제조원가를 개발 전에 추정하여야 하기 때문이었다. 그런데 이란으로부터 구매 상담을 위한 대표단이 방한하여 상담이 구체화되면서 구매 계약이 체결되었다. 조선공학을 전공하고 대학을 졸업하며 탄광에 취업하여 잠시 기계설계와 인연을 맺었던 것이 전부인데 졸업 후 47년이 지난 시점에 뜻밖에 선박 설계가 아닌 선박 성능 실험장비 설계개발업무에 관여하게 된 것이다.

네 번째 중소기업 기술지원은 대전에서 류재문 교수가 태양광 발전을 희망하는 위닝비지네스(WINNING BUSINESS)의 김승섭 사장과 함께 서울로 찾아와 수상 태양광 발전에 관심을 두면서 이루어졌다. 활용되지 못하고 있는 저수지에 대형 부유 구조물을 계류하고 그 위에 태양전지판을 설치하여 태양광 발전을 하자는 계획이었다. 이 발상은 토지를 직접 사용하지 않고 유휴(遊休) 수면 위에서 태양광 발전을 할 수 있을 뿐 아니라 수면에 설치하면 냉각 효과로 발전 효율이 높아지는 장점이 있었다. 또한 태양전지판을 태양을 향하여 기울여주면 높은 발전 효율을 기대할 수 있었다. 퇴근 후 집에서 작업하며 중량 이동을 이용하여 최소 동력으로 태양전지판이 태양을 추적하는 장치의 개념설계를 완성하였고 이를 논문으로 발표하였으며 특허출원을 하였다. 연구비를 지급한 기관이 연구 불성실이라 평가함으로써 위닝비지네스에는 사업을 포기하는 계기가 되었으나 연구 결과를 정리하여 발표한 논문으로 대한조선학회로부터 우수논문상을 받았다.

다섯 번째는 계측기와 수조시험장비를 공급하던 동현씨스텍이 경영 위기를 맞아 도산하면서 기회가 찾아왔다. 동현씨스텍의 일부 기술자들은 다른 업체로 이직하였고 몇몇 사람은 소규모 기업을 창업하였다. 이때 각종 계측 센서 공급을 목적으로 케이에이치시스텍(KHS)이 설립되었는데 대학 재직 기간 중에 센서 기술을 확보하였으므로 자연스럽게 KHS를 지원하였다. 운이 좋았던지 이 시기에 인하대학교가 캠퍼스 재개발과정에서 선형시험수조를 재건축하게 되어 이를 수주하였다. 두 건물의 지하를 연결하여 지하 공간에 예인 수조와 예인전차를 설치하는, 순서가 뒤바뀐 힘든 공사였으나 수조시스템 전체를 설계하고 계측시스템을 구축하는 사업이라서 도전적 요소들이 많이 담겨 있었다.

예인전차는 고속으로 운행하더라도 기존 건물의 연구실과 강의실에 소음이 전파되지 않아야 하였다. 또 수조의 길이가 충분하지 않아 새로운 형식의 구동 방식을 채택하여야 하였으며 기존 건물의 구조와 간섭 문제가 있어 외팔보(한쪽 끝은 고정되고 다른 끝은 받쳐지지 아니한 상태로 있는 보) 형식의 예인전차를 계획하여 한쪽 바퀴만으로 운행할 수 있어야 하였다. 조파 장치 역시 짧은 수조 구간에서도 발생 파도가 반사를 일으키지 않도록 충분히 감쇄시켜야 하였다. 결국 인하대학교의 수조가 검증되면서 KHS는 서울대학교 시흥 캠퍼스에 건설 중인 대형 선형시험수조 건설사업에서도 크고 작은 일들을 수주하여 수행하고 있다.

여섯 번째는 동현씨스텍의 핵심 인사들을 중심으로 설립된 마린스페이스(MARINE SPACE)에 대한 기술지원인데 마린스페이스는 사실상 동현씨스텍을 승계한 기업이다. 마린스페이스는 자연스럽게 동현씨스텍의 거래처와 연결되어 국내외로부터 수주를 확대하였는데 선박해양플랜트연구소(KRISO), 한국조선해양기자재연구원(KOMERI), 중소조선연구원(RIMS)을 비롯한 국내의 주요 연구기관에 기자재를 공급하였다. 그 외에도 교육기관으로 서울대학교, 부산대학교, 군산대학교, 부경대학교, 서울시립대학교 등에 각종 실험실습용 기자재를 공급하였으며 대우조선해양이 서울대학교 시흥 캠퍼스에 건설하고 있는 선형시험수조에 핵심설비인 예인전차를 공급하였다.

마린스페이스는 중국상해선박해운연구소(CSSSRI)에 고속예인수조의 고속전차와 조종성능시험수조의 대형전차를 국제 경쟁입찰에서 세계 굴지의 시험계측기 공급회사들과 경쟁하여 수주하였다.

유럽의 이름난 회사와 경쟁하여 수주에 성공함으로써 세계 각지에서 계측기 공급 요청이 끊이지 않고 있다. 2019년 하반기에는 중국, 대만, 말레이시아, 방글라데시, 파키스탄 등으로부터 상담이 이어지고 있다. 이 과정에서 서울대학교에서의 작은 경험이 나비 효과를 일으켜 전 세계를 대상으로 계측시스템 구축과 설계 및 제작 그리고 견적에 기술자문을 맡게 된 것은 큰 행운이라 생각한다.

일곱 번째는 서울대학교에 선형시험수조를 건설한 후 얼마 지나지 않은 1988년 무렵부터 실험실의 각종 전자기기의 유지보수를 전담하여온 프로컴(PROCOMM)과 30년이 넘도록 인연이 이어지고 있는 것이다. 프로컴과는 각종 계측기 개발에서 시제품 제작을 함께하여 왔는데 직교(直交)하는 세 방향에서 작용하는 힘과 비틀리는 힘을 동시에 계측하는 6분력 검력계, 모터가 회전할 때 작용하는 반작용력을 측정하여 모터의 토크를 계측하는 방법, 수면에 접촉하는 위치를 추적하는 서보식(servo式) 파고계측 장비 등을 개발하였다. 또한 예인전차를 작고 가볍게 만들었고 와이어로프를 사용하여 고속으로 예인하는 초고속 예인전차를 설계하여 서울대학교와 인하대학교에 공급한 바 있다. 요즘은 조파기의 조파판(造波板, 물결을 만드는 장치에서 물결을 일으키는 널빤지)에 파고계를 심어 조파기가 작동하며 만들어내는 파도를 측정하고 정밀한 파도 생성에 제어신호로 사용하는 방법을 연구하고 있다.

최근의 도전이라 할 것은 지난 2019년 봄, 대학에서 퇴임하였거나 재직하고 있는 제자들과 마음을 모아 조선해양시스템기술협동

조합을 설립하고 이사로 취임한 것이다. 조합 결성을 발의한 것은 수년 전 국가 연구기관이 파도를 발생시키려고 조파기를 해외에서 도입한 것이 마음에 걸려 국산화를 하여야겠다는 생각에서 제자들과 연구 활동을 시작하였는데 실용화와 제품화를 이루려면 이를 조직화하는 것이 필요하다고 생각하였다.

조합에서 수행 중인 조파장치의 개발과정에서 나는 고전역학 지식을 바탕으로 이론을 해석하고 신뢰할 수 있는 기계장치를 설계하는 부분을 맡고 있다. 함께 참여하고 있는 조합원들의 협력으로 사용자의 편리성을 추구하는 한편, 정밀도가 높은 파도를 발생시킬 수 있는 제어논리를 구축하려 노력하고 있다. 이 일을 성사시키기 위하여 조파기의 성능을 검·교정하는 방법에 대한 표준을 제정해서 세계 시장에 내놓을 수 있는 우수한 제품을 개발하는 것이 목표이다. 앞으로 머지않은 시기에 해양환경을 실험실의 제한된 수면에 축소된 상태로 재현할 수 있는 기술을 내놓을 수 있기를 꿈꾸고 있다.

되돌아보면 2006년 2월 말로 정년 퇴임 하였는데 15년이 조금 못 미치는 기간 동안 퇴임 전과 같은 마음가짐으로 활동하였다고 생각한다. 퇴임 후 활동을 계량화하면 논문 발표 78건, 특허출원 17건, 보고서 7건, 도서 저술 8건, 기고문 작성 42건 등을 들 수 있다. 부끄러운 내용도 많으나 퇴임 후 도서 집필로 과학기술부장관상을 받았으며 논문 발표로 대한조선학회 논문상을 수상하기도 하였다. 문학적 소양이 없는 공학자의 글을 눈여겨본 출판사가 문집 발간을 제안하여 『배는 끊임없이 바로 서려 한다』라는 이름으로 출간하게 되었음이 내게는 남다르게 주어진 행운이다.

　앞으로 욕심을 내라고 하면 지금과 같은 건강을 유지하면서 연구 활동을 지속하여 퇴임 후 발표 논문 수 100편 그리고 여력이 된다면 전체 300편을 달성할 수 있도록 학문 활동을 계속하고 싶다. 기술적으로는 조합 활동을 통하여 특허출원 40건을 이루고자 한다. 마지막으로 틈틈이 서툰 글을 쓰고 다듬어 『배는 끊임없이 항해하려 한다』라는 두 번째 문집을 낼 수 있기를 소망한다.

조선공학자
김효철

연보
年譜

1. 연구

■ 학술지 게재 논문 ■

1966

(1) "Bracket의 Lightening Hole 주변에서의 응력 분포", 대한조선학회지 제3권 제1 호, 1966.4, pp 11-18, 김효철

1969

(2) "축인장하의 평판의 단부 Fillet 근처의 Relieving Groove가 응력 집중에 미치는 영향", 대한조선학회지 제6권 제2호, 1969. 11, pp 5-11, 김효철

1970

(3) "부분적인 균일 전단하중을 받는 평판에서의 응력분포", 대한조선학회지 제7권 제1호, 1970. 2, pp 37-44, 김효철

1972

(4) "저항점 용접에 따르는 과도적 냉각온도이력", 대한조선학회지 제9권 제1호, 1972. 2, pp 15-20, 김효철

(5) "알루미늄 합금의 저항용접에 따르는 열 응력 및 잔류응력해석", 대한조선학회지 제9권 제2호, 1972. 12, pp 21-32, 김재근, 김효철

1973

(6) "A Metod of the Computer-Aided Preliminary Design of Dry-Cargo Ships", 대한조선학회지 제10권 제1호, 1973. 3, pp 1-14, 황종흘, 임상전, 김극천, 김효철

(7) "순간 가열된 Strip의 과도적 열 응력 해석", 대한조선학회지 제10권 제1호, 1973. 3, pp 15-20, 박종은, 김효철

(8) "용접관의 용접중 온도 분포", 대한조선학회지 제10권 제2호, 1973. 12, pp 3-8, 김효철, 박종은

1974

(9) "동심형 구멍을 가진 복합 실린더의 과도적 온도분포, 열 응력 및 열변형도 해

석", 대한조선학회지 제11권 제1호, 1974. 5, pp 35-44, 전의진, 김효철

1975

(10) "수밀 격벽을 관통하는 관의 용접시공으로 인한 열 응력 해석(I)-격벽 판에서의 열응력-", 대한조선학회지 제12권 제1호, 1975. 5, pp 1-8, 김효철

(11) "수밀 격벽을 관통하는 관의 용접시공으로 인한 열 응력 해석(II) -Penetration Piece에서의 열 응력-", 대한조선학회지 제12권 제1호, 1975. 5, pp 9-22, 김효철

(12) "원판에서 동심원상을 이동하는 열원에 의한 과도적 열 응력 해석", 대한조선학회지 제12권 제2호, 1975. 12, pp 13-34, 김효철

1976

(13) "선체건조에 있어서 용접공작으로 인한 열 응력 및 잔류 응력에 대한 고찰 -용접 작업으로 인한 열 응력 해석-", 대한조선학회지 제13권 제1호, 1976. 3, pp 25-34, 김효철

1977

(14) "종규칙 파 중에 있어서 어선의 전복사고의 회피방법에 관한 고찰", 학술원 논문집 자연과학편, 16집, pp 205-215, 1977년, 김재근, 황종흘, 임상전, 김효철

(15) "축차삽간법에 의한 선형의 수치표현법에 관하여", 대한조선학회지, 제14권 제3호, 1977. 9, pp 1-4, 김효철, 양영순

(16) "Tandem 용접으로 인한 온도분포 및 열응력", 대한조선학회지, 제14권 제3호, 1977. 9, pp 5-12, 김효철, 이준열

1978

(17) "선박 복원력의 간이 계산법", 대한조선학회지 제15권 제1호, 1978. 3, pp 7-9, 김효철

1980

(18) "유한수심에서의 선형계획", 대한조선학회지 제17권 제1호, 1980. 3, pp 19-24, 김효철, 서정천

(19) "특수선 설계에 관한 연구 -유조선의 천수중 파랑하중-", 대한조선학회지 제17권 제2호, 1980. 6, pp 17-20, 김재근, 황종흘, 김효철, 유재문

1982

(20) "공학계 대학원 교육 내실화를 위한 설비 계획안", 서울대 공대 생산 기술연구

소 보고, 제5권 제1호, pp41-48, 1982, 김동훈, 이후철, 김효철, 이충웅, 이문득, 조경국

(21) "잠항 중인 타원 회전체의 저항증가", 서울대 공대연구보고 제14권, 제2호, pp109-113, 1982, 김효철, 이승희

(22) "선박의 규칙파 중에서의 상대선수 변위의 해석", 대한조선학회지 제19권 제4호, pp 53-59, 1982. 12, 배두환, 김효철, 강신형, 이기표

(23) "선체 중심선 면에 분포된 특이점 계로부터 얻어지는 최소 조파저항 선형과 그 응용", 대한조선학회지 제19권 제4호, pp 31-37, 1982. 12, 김효철, 현범수

1983

(24) "종 규칙파 중에서의 선박의 부가저항계산", 대한조선학회지 제20권 제3호, pp 17-20, 1983. 9, 김효철

1984

(25) "수직운동이 최소인 부표의 불규칙파중 계류상태에 대한 동력학적 해석", 대한조선학회지 제21권 제3호, pp 43-50, 1982. 9, 최항순, 김효철, 성우제

1985

(26) "공용 표준 선박의 정수중 저항추정에 관한 실험적 연구", 서울대공대 생산기술연구소 보고 제8권 제1호, pp 7-14, 김효철, 반석호, 류재문

1986

(27) "선박의 파랑중 부가저항에 관한 연구", 대한조선학회지 제23권 제2호, pp 14-20, 1986. 6, 유재문, 김효철

(28) "포물선 선형의 파형 저항", 서울대 공대연구보고 제18권 제2호, pp 187-192, 1986. 10., 김우전 김효철

(29) "축대칭 부표의 규칙파중 운동특성에 대한 연구", 대한조선학회지 제23권 제3호, pp 1-9, 1982. 12, 홍기용, 김효철, 최항순

1987

(30) "GT390톤급 가다랭이 어선의 구상선수 설계에 관한 실험적 연구", 서울대공대 생산기술연구소 보고 제10권 제1호, PP 27-33, 1987. 6., 김우전, 반석호, 박영민, 김효철

(31) "충주호 유람선의 정수중 저항성능 추정에 관한 실험적 연구", 서울대 공대 생산기술연구소 보고 제10권 제1호, pp 35-38, 1987. 6., 김우전, 반석호, 박영민,

김효철

(32) "선박의 항주자세와 저항성분에 관한 실험적 연구", 대한조선학회지 제24권 제2호, pp 11-19, 1987. 6, 반석호, 김효철

(33) "상사모형선을 이용한 저항성능 평가에 관한 연구", 서울대 공대연구보고 제19권 제2호, PP 135-141, 1987.10., 김효철, 반석호, 김우전, 김재성

(34) "Report on the Cooperative Experimental Program", 대한조선학회지 제24권 제3호, pp 17-24, 1988. 12, 김훈철, 양승일, 김은찬, 강국진, 반석호, 이영길, 김윤호, 이귀주, 곽영기, 좌순원, 김효철, 김우전, 송무석, 조규종, 홍성완, 이승희, 신영균

1988

(35) "On the Characteristics of Form Factors (Series 60, Cb=0.60)", 대한조선학회지 제25권 제4호, pp 7~ 12, 김훈철, 양승일, 김은찬, 강국진, 반석호, 이영길, 김윤호, 이귀주, 곽영기, 좌순원, 김효철, 김우전, 송무석, 조규종, 홍성완, 이승희, 신영균

1989

(36) "선미 노 추력 발생 기구 규명을 위한 실험적 연구", 대한조선학회지 제26권 제2호, pp 13 ~24, 1989, 김효철, 이봉구, 임창규

1990

(37) "직접 계측 법에 의한 선박의 저항성분 분리에 관한 실험적 연구", 서울대 공대연구보고 제22권 제2호, PP 59-70, 1990.10., 김효철, 유재훈, 부유덕

1995

(38) "소형 프로펠러 단독시험기 설계", 대한조선학회지 제32권 제4호, pp 48-54, 1995.11., 김재성, 송무석, 김효철

1996

(39) "구상선수 주위의 유동과 기포공급 효과에 관한 실험적 연구", 대한조선학회지 제33권 제1호, 1996. 2., pp 54-64, 임근태, 김효철

(40) "판 요소법을 이용한 선수형상 설계에 관한 연구(1)", 대한조선학회논문집 제33권 제3호, 1996.8., pp 35-47, 유재훈, 김효철

(41) "예인전차의 미소 속도 변화가 모형선 저항계측에 미치는 영향", 대한조선학회논문집 제33권 제4호, 1996.11., pp15~21, 김호진, 박영하, 김재성, 김효철

(42) "개인용 전산기를 활용한 모형선 예인전차의 제어와 계측법의 개선에 관한 연구", 서울대학교 공학 연구소보고 제16권 제1호, pp1-9, 1996. 4., 김재성, 이상홍, 장진호, 김효철

(43) "The Prediction of Resistance of a 23 m Class Planing Hull", Journal of Hydrospace Technology, Vol. 2, No. 2, pp 68-79, 1996. 11. Seung-Il Yang, Myung-Soo Shin, Yong-Jea Park, Keh-Sik Min, Hyochul Kim, Sung-Wan Hong, Seung-Hee Lee, Young-Gil Lee, Jung Han Chung, HoHwan Chun

(44) "Effect of Air Injection on the Reduction of a Semi-planing Hull", Journal of Hydrospace Technology, Vol. 2, No. 2, pp44-56, 1996. 11., Gyeong-Hwan Kim, Hyochul Kim, Seung-Hee Lee

1997

(45) "박막을 이용한 스트레인 게이지식 압력변환기의 개발에 관한 연구", 서울대학교 공학연구보고, 제17권 제1호, pp 1-4, 1997. 4. 민상홍, 김효철

(46) "6분력계의 설계와 제작에 관한 연구", 대한조선학회 논문집, 제34권 제2호, pp20-26, 1997. 5., 김효철, 김재성, 송무석, 유성선

1999

(47) "선저에 부착된 공기공동에 의한 선박의 저항성능 감소에 관한 연구", 대한조선학회 논문집 제36권 제2호, 1999. 5., PP1-8, 대한조선학회, 장진호, 김효철

(48) "플랩이 부착된 타에 미치는 물 제트 분사 효과에 관한 실험적 연구", 대한조선학회 논문집 제36권제1호, 1999. 2., pp 22-29, 대한조선학회, 안해성, 김효철

(49) "선저부 공기공동을 이용한 실선선형의 저항성능 개선을 위한 선저형상연구", 대한조선학회 논문집, 1999. 8., pp 1-7, 대한조선학회, 고석천, 김효철

(50) "표면유체 분출로 인한 수중날개의 유동해석", 대한조선학회논문집, 1999. 11., pp21-27, 대한조선학회, 표상우, 서정천, 김효철

(51) "캐비테이션 터널에서 2차원 날개에 작용하는 유체력 계측기법의 개발에 관한 연구 - 삼분력 검력계의 설계-", 서울대학교 공학 연구소보고, 제19권 제1호, 1999. 5., pp13-18, 서울대학교 공과대학, 안해성, 김재성, 김효철

2001

(52) "새로운 수송수단의 개발 방향과 과제", 학술원 논문집(자연과학편), 제40집, pp 91-176, 2001, 황종흘, 김효철

2003

(53) "감요수조의 주기조절장치 효과에 관한 연구", 대한조선학회논문집, 제40권 제 1호, pp1~7, 대한조선학회, 2003년 2월 20일, 유재문, 김효철, 이현엽

(54) "On the Passive type Anti-Rolling Tank and its Activation by Air Blower", Journal of Ship and Ocean Technology, Vol. 7, No. 1, pp19~28, March, 2003, Jae-Moon Lew, Bong-June Choi, Hyochul Kim

(55) "Application of Coanda Effects to a Ship Hydrofoil", Journal of Ship and Ocean Technology, Vol. 7, No. 2, pp29~39, June, 2003, Jung-Keun Oh, Hae-Seong Ahn, Hyochul Kim, Seung-Hee Lee, Jae-Moon Lew

(56) "Topology optimization method applied to fabrication of developable ship hulls", International Journal of Vehicle Design, Vol 35, No. 4, 2004, pp307-316, Seonho Cho, Hyunseung Jung, Hyochul Kim

(57) "Analysis of a jet-controlled high-lift hydrofoil with a flap", Ocean Engineering, 30(2003), pp2117-2136, S. H. Rhee, S. -E. Kim, H. Ahn, J. Oh and H. Kim, Received 31 October 2002; accepted 2 December 2002. ; Available online 30 July 2003.

(58) "콴다효과를 응용한 플랩이 달린 고양력 날개장치에 대한 실험적 연구", 대한 조선학회 논문집, 제40권 제5호, pp. 10~16, 2003년 10월, 안해성, 김효철

2004

(59) "An Experimental Evaluation of the Coanda Jet Applied High Efficient Rudder System for VLCC", Journal of Ship and Ocean Technology, Vol. 8, No. 2, pp 1 - 12, Society of Naval Architects of Korea, June 2004, Bong-Joon, Hyochul Kim

(60) "Evaluation of Resistance Performance of a Power Boat Using a High Speed Towing Carriage", Journal of Ocean Science and Technology, Vol. 1 No. 2, pp 124-133, June 2004, Jeongil Shin, Jiman Yang, Howon Park, Jasung Kim, Hyochul Kim, Sanghong Lee, Suack-Ho Van

(61) "무인 고속전차를 이용한 레저보트의 저항특성 고찰", 자연과학 세계, 제1권 제 1호, pp 38-48, 도서출판 여명빛, 신정일, 박호원, 양지만, 김재성, 김효철

(62) "An Advanced Study on the Development of Marine Lifting Devices

Enhanced by the Blowing Techniques", Journal of Ship and Ocean Technology, Vol. 8, No. 4, pp 1 - 9, Society of Naval Architects of Korea, December 2004, Hae-Sung Ahn, Jae Hoon Yoo, Hyochul Kim

(63) "Evaluation of Resistance Performance of a Racing Boat using Unmanned High-speed Towing Carriage", Journal of Ship and Ocean Technology, Vol. 9, No. 2, pp 1 - 10, Society of Naval Architects of Korea, June 2005, Jeongil Shin, Jiman Yang, Howon Park, Jasung Kim, Hyochul Kim

2005

(64) "형틀을 사용하지 않는 FRP선박 건조방법", 자연과학 세계, 제4호, pp 28-44, 도서출판 여명빛, 2005년, 양지만, 하윤석, 김효철

(65) "대형유조선의 경사상태에서의 저항추진 성능", 대한조선학회지, 제42권 제4호, 2005년 8월, pp307-314, 양지만, 김효철

(66) "고속 예인 시스템을 이용한 단을 가진 활주형 선의 저항특성고찰", 대한조선학회지, 제42권 제4호, 2005년 8월, pp341-349, 신정일, 양지만, 박호원, 김재성, 김효철

(67) "외판전개를 응용한 무형틀 FRP선박 건조방법", 대한조선학회지, 제42권 제5호, 2005년 10월, pp506-515, 양지만, 하윤석, 김효철

2006

(68) "Resistance Reduction of a High Speed Small Boat by Air Lubrication", Journal of Ship and Ocean Technology, Vol. 10, No. 1, pp 1 - 9, Society of Naval Architects of Korea, March 2006, Jin-Ho Jang, Hyochul Kim

(69) "대형유조선의 저항추진 성능에 미치는 자세변화의 영향에 관한 연구", 대한조선학회논문집, 2006년 6월, 제43권 제3호, pp275~284, 양지만, 이신형, 김효철

(70) "Analysis of Rudder Cavitation in Propeller Slipstream and Development of its Suppression Devices", SNAME Transactions, Volume 114, 2006, pp1~15, Shin Hyung Rhee, Hyochul Kim

2007

(71) "A suggestion of Gap Flow Control Devices for the Suppression of Rudder Cavitation", Submitted to Journal of Marine Science and Technology, pp356-370, April 2007, Revision submitted October, 2007, Accepted 24 April 2008,

e-publication 20 September (DOI 10,1007/s00773-008-0013-6), Shin Hyung Rhee, Hyochul Kim

(72) "Propulsive Performance of a Tanker Hull Form in Damaged Conditions", Submitted to Ocean Engineering, November 2007, Accepted 25 2008, Ocean Engineering, vol36, no 2 (doi:10.1016 / j,oceaneng.2008.09.012), pp 133-144, Jiman Yang, Shin Hyung Rhee, Hyochul Kim

2008

(73) "A Numerical Study on the Geometry of Jet Injection Nozzle of a Coanda Control Surface", Journal of Ship and Ocean Technology, Vol.12 No 3, pp 36-54, 2008, Dae Won Seo, Jong Hyun Kim, Hyochul Kim and Seung-Hee Lee

(74) "Rudder Gap Cavitation Suppression Using Gap Flow Blocking Devices", Journal of Ship and Ocean Technology, Vol. 12, no. 4, pp 20~31, 2008. 12. Jungkeun Oh, Changmin Lee, HeeBum Lee, ShinHyoung Rhee, Jungchun Suh and Hyochul Kim

(75) "제트 노즐의 배치가 콴다 날개의 성능에 미치는 영향", 대한조선학회논문집, 제45권 제6호, 2008년 12월, pp. 569-578, (DOI: 10.3744/SNAK.2008.45.6.477), 서대원, 김종현, 김효철, 이승희

2009

(76) "차단봉이 혼과 타판사이에 대칭으로 배치된 타의 틈새유동 수치 해석", 대한조선학회논문집, 제46권 제5호, 2008년 12월, pp. 460-470, (DOI: 10.3744/SNAK.2009.46.5.460), 오정근, 서대원, 김효철

2010

(77) "혼타의 수평 틈새가 캐비테이션에 미치는 영향에 관한 수치적 연구", 서대원, 이승희, 김효철, 오정근, 대한조선학회 논문집, 제 47권 제2호, pp113-121, 2010.04.20.

(78) "A numerical study for the efficacy of flow injection on the diminution of rudder cavitation", Dae Won Seo, Seung-Hee Lee, Hyochul Kim, Jung Keun Oh, International Journal of Naval Architecture and Ocean Engineering, Volume 2, No. 2, pp104-111, 2010, 06, DOI 10.3744/JNAOE2010.2.2.104

(79) "뒷날에 붙인 회전자로 순환 유동을 강화하는 날개장치의 성능 연구", 오정근, 김효철, 대한조선학회 논문집 제47권 제4호, PP 533~542, 2010년 8월

2011

(80) "Comparison of potential and viscous methods for the nonlinear ship wave problem", International Journal of Naval Architecture and Ocean Engineering, Vol. 3, Number 3, pp159-173, 2010, http.doi.org/10.3744/ JNAOE 2011.3.3.159, Jin Kim, Kwang-Soo Kim, Yoo-chul Kim, Suak-Ho Van and Hyochul Kim

2013

(81) 신광호, 서정천, 김효철, 유극상, 오정근, "유동가시화를 이용한 혼-타 의 간극유동 차당장치 효과에 관한 실험적 검증", 대한조선학회 논문집, pISSN:1225-1143, 제50권 제5호, pp 324~333, October 2013, eISSN:2287-7355, http://dx,doi,org/10.3744/SNAK, 2013.50.5.324

(82) 구성필, 김효철, 함연재, "초고속선 실험을 위한 신형식 예인전차의 현가장치 설계시안",대한조선학회 논문집, 제50권제6호, 2013년,12월

2015

(83) 류재문, 김효철, "수동형 감요수조 설계를 위한 벤치 테스터 개발", 대한조선 학회 논문집,pISSN:1225-1143, Vol.52. No.6. pp.452-459, December 2015, eISSN:2287-7355, http://dx.doi.org/10.3744/SNAK.2015.52.6.452

2016

(84) 김재성, 김효철, "가속성능이 우수한 외팔보형 고속예인전차의 설계", 대한조선 학회 논문집, pISSN:1225-1143, Vol. 53, No. 3, pp228-236, June 2016, eISSN 2287-7355, http://dx.doi.org/10.3744/SNAK. 2016.53.3.228

(85) 오정근, 김준호, 김승섭, 김효철, 류재문, " 밸러스트 수 이동으로 태양을 추적하 는 부유식 태양광 발전시스템 개발", 대한조선학회 논문집, pISSN:1225-1143, Vol. 53, No. 4, pp. 290-299, August 2016eISSN:2287-7355, http://dx.doi. org/10.3744/SNAK. 2016.53.4.290

2017

(86) 권종오, 김효철, 류재문, 오정근, "조파판 수중운동의 근사해석과 조파기 설 계에 응용", 대한조선학회 논문집, pISSN:1225-1143, Vol. 54, No. 6, pp.

461-469, December 2017 eISSN:2287-7355, http://doi.org/10.3744/SNAK.2017.54.6.461

2018

(87) 오정근, 김주열, 김효철, 권종오, 류재문, "수직평판 요소의 수중동요 근사해와 설계 적용". 대한조선학회 논문집, ISSN:1225-1143, Vol. 55, No. 6, pp. 527-534, December 2018, eISSN:2287-7355, http://doi.org/10.3744/SNAK.2018.55.6.527.

2019

(88) 김효철, 오정근, 권종오, 류재문, "상하단이 자유롭게 수평동요하는 수중 조파판에 의해 생성된 수면파의 근사해석", 대한조선학회 논문집, pISSN:1225-1143, Vol. 56, No. 5, pp. 418-426, October 2019

■ 국내학술회의 발표 논문 ■

1994

(1) "개인용 전산기를 활용한 모형선 예인전차의 제어와 계측법의 개선에 관한 연구", 대한조선학회 연구발표회 94, 1994, pp 378~383, 김재성, 이상홍, 장진호, 김효철

1996

(2) "비선형 최적화 기법에 의한 구상 선수부 형상개량에 관한 연구", 대한조선학회 연구발표회 96, 1996, pp 183 ~ 186, 장진호, 김효철

(3) "6분력 검력계의 설계와 제작에 관한 연구", 대한조선학회 연구발표회 96, 1996, pp 390~393, 김재성, 김효철, 송무석, 유성선

1997

(4) "소형 쌍동체 저항계측시스템 구축 및 그 적용", '97춘계 학술대회, 1997.4. pp174-178, 유성선, 김효철, 최두환, 김인호, 이영진

(5) "박막을 이용한 스트레인 게이지식 압력 변환기의 개발과 그 응용". '97춘계 학술대회, 1997.4. pp179-182, 민상홍, 김효철

(6) "수동형 감요수조의 성능개선을 위한 실험적 연구", '97춘계 학술대회, 1997.4. pp183-186, 김효철, 유재문, 백창섭, 장진호, 김재성

(7) "고속선의 저항시험법에 관한 연구", '97춘계 학술대회, 1997.4. pp 191-197, 김호진 유성선, 김효철

(8) "자유수면 하에서 작동하는 추진기 원판주위의 유동해석", '97춘계 학술대회, 1997.4. pp205-207, 이재규, 이승희, 김효철

(9) "패널 법에서의 트랜섬 선미처리기법 연구", '97추계학술대회, 1997.11., pp 189-194, 김도현, 반석호, 김효철

(10) "단이 있는 반 활주형선의 선저 단부의 형상이 공기공동의 형성과 저항에 미치는 영향연구", '97추계학술대회, 1997.11., pp 213-217, 고석천, 김효철

(11) "감요수조 설계를 위한 Bench Tester의 개발", '97추계학술대회, 1997.11., pp 313-316, 유재문 백창섭, 장진호, 유희석, 김재성, 김효철

(12) "제한수로내의 3차원 물체주위의 유동해석", '97추계학술대회, 1997.11., pp

401-404, 이재규, 이승희, 김효철

1998

(13) "비선형 자유수면 조건식을 고려한 일반상선의 조파저항 계산", '98춘계학술대회,1998.4, pp 380-384, 김도현 반석호, 김우전, 김효철

(14) "공기공급을 이용한 선저외판의 마찰저항 감소 기법 연구", '98춘계학술대회, 1998.4, pp 221-225, 한범우, 김효철

(15) "난류 유동장에 놓인 평판의 마찰저항 계측과 응용에 관한 연구",'98춘계학술대회,1998.4,pp 216-220, 민상홍, 김효철, 유재훈, 김도정

(16) "저항감소를 위한 공기공동에 관한 연구", '98춘계학술대회, 1998.4, pp 160 - 163, 장진호, 고석천, 김효철

(17) "Blown Flapped Rudder의 성능에 대한 연구", '98춘계학술대회, 1998.4, pp 156 - 159, 안해성, 표상우, 김재성, 김효철

(18) "공동수조에서 프로펠러 동력계 위벽 효과에 대한 연구",'98춘계학술대회, 1998.4, pp 146-151, 이재규, 이승희, 김효철

(19) "공기 공급법에 의한 실선선형의 저항성능개선을 위한 선저형상 개량연구",'98추계학술대회논문집,1998.10.,PP 36-40, 대한조선학회, 고석천, 박병언, 유희석, 김효철

(20) "플랩이 부착된 타에 미치는 물 제트 분사 효과에 대한 실험적인 연구",'98추계학술대회논문집,1998.10., PP 123-127, 대한조선학회, 안해성 김효철

(21) "저속 비대선의 저항시험자료의 처리방법에 대한 고찰", '98추계학술대회논문집,1998.10., PP 128-132, 대한조선학회, 양지만, 양태현, 김효철

(22) "단을 가지는 주상체의 저항성능에 관한 연구",'98추계학술대회논문집,1998.10., PP 182-185, 대한조선학회, 최명근, 김재성, 김효철

(23) "능동형 감요수조 시스템의 개발에 관한 실험적 연구"'98추계학술대회논문집,1998.10., PP 206-209, 대한조선학회, 백창섭, 방일남, 김효철, 유재문, 성세진, 원문철

(24) "선저에 부착된 공기공동에 의한 선박의 저항성능 감소에 관한 연구",'98추계학술대회논문집,1998.10., PP 241-246, 대한조선학회, 장진호, 김효철

(25) "고속 이동하는 자유부상 물체에 작용하는 유체력 계측용 분력계의 설계개발에 관한 연구", '98추계학술대회논문집,1998.10., PP 264-267, 대한조선학회,

김재성, 최명근, 안해성, 김효철

1999

(26) "소형선박용 자항 동력계 개발에 관한 연구", '99춘계 학술대회 논문집, 1999. 4., pp 138-142, 대한조선학회, 김재성, 안해성, 김효철

(27) "플랩이 부착된 타의 유체력에 미치는 제트분사 효과에 대한 실험적 연구", '99춘계 학술대회 논문집, 1999. 4., pp 155-159, 대한조선학회, 안해성, 김효철

(28) "역 V 자형 선저의 단이진 활주형선의 저항특성", '99춘계 학술대회 논문집, 1999. 4., pp 164-167, 대한조선학회, 최명근, 오정근, 김효철

(29) "공기공급이 단을 가지는 활주형선의 저항성능에 미치는 영향(Ⅰ)", '99춘계 학술대회 논문집, 1999. 4., pp 168-171, 대한조선학회, 장진호, 안일준, 김효철

(30) "유한 체적법을 이용한 비선형 조파 문제 계산", '99춘계 학술대회 논문집, 1999. 4., pp 156-260, 대한조선학회, 김도현, 김우전, 반석호, 김효철

(31) "저속비대선의 프로펠러 영향에 의한 선미부 표면 압력분포의 변화", '99춘계 학술대회 논문집, 1999. 4., pp 278-281, 대한조선학회, 양지만, 양태현, 오정근, 김효철

(32) "감요수조의 성능에 관한 실험적 연구", '99춘계 학술대회 논문집, 1999. 4., pp 310~314, 대한조선학회, 방일남, 유재문, 백창섭, 김효철

(33) "불규칙파중의 능동형 감요수조의 성능에 관한 실험적 연구", '99추계 학술대회 논문집, pp 215 -218, 대한조선학회, 방일남, 백창섭, 유재문, 김효철

(34) "단을 가지는 활주형선의 저항성능에 미치는 공기공급 효과의 상사 관계에 관한 연구", '99추계 학술대회 논문집, pp 237 -240, 대한조선학회, 장진호, 안일준, 김효철

(35) "수면에 연직하게 놓여지는 플랩이 달린 날개에 미치는 제트분사 효과에 관한 실험적 연구", '99추계 학술대회 논문집, pp 312 - 315, 대한조선학회, 안해성, 오정근, 김효철

(36) "비대선의 선미부에서 선체표면 압력 및 전단응력에 미치는 프로펠러의 영향", '99추계 학술대회 논문집, pp 316 - 319, 대한조선학회, 양지만, 김효철

(37) "능동형 Anti-rolling Tank 시스템 개발", 조선신기술 실용화 세미나, pp 31- 46, 황해권 수송시스템 연구 센터, 1999. 11. 19., 류재문, 김효철, 원문철, 성세진, 백창섭, 방일남

(38) "천수용 신형식 추진장치", 조선신기술 실용화 세미나, pp 46-57, 황해권 수송 시스템 연구 센터, 1999. 11. 19., 서정천, 김효철, 이상홍, 제정락

(39) "Coanda 현상을 이용한 고성능 타 장치". 조선신기술 실용화 세미나, pp 58-73, 황해권 수송시스템 연구 센터, 1999. 11. 19., 안해성, 표상우, 김재성, 서정천, 김효철

2000

(40) "플랩이 부착된 2차원 날개의 유동박리를 제어하기 위한 공동수조에서의 실험 적 연구", '2000춘계 학술대회 논문집, pp 148 - 152, 대한조선학회, 오정근, 안 해성, 김효철

(41) "기하학적 상사모형선을 이용한 공기윤활 효과의 상사관계연구", '2000춘계 학 술대회 논문집, pp 153 - 156, 대한조선학회, 안일준, 장진호, 김효철

(42) "공기공동을 이용한 고속선형의 개발에 관한 연구", 2000 Workshop on Hull Form Development, 2000. 10. 19~20, pp20~26, 한국해양연구소 선박해양분 소, 장진호, 김효철

(43) "선체 외판 요소 변형의 광학적 검사 방법에 관한 실험적 연구", '2000추계 학술 대회 논문집, pp 261 - 264, 대한조선학회, 2000년 11월 10일, 김 형기, 권 종오, 김 재성, 김 효철

(44) "공기 윤활이 기하학적 상사 모형선의 저항 특성에 미치는 영향", '2000추계 학 술대회 논문집, pp 146 - 150, 대한조선학회, 2000년 11월 10일, 장진호, 안일 준, 김효철

(45) "비대선에서 프로펠러와 선체와의 상호작용에 대한 Pre-swirl Stator Vane의 효과에 관한 연구", '2000추계 학술대회 논문집, pp 188 - 191, 대한조선학회, 2000년 11월 10일, 양지만, 이승재, 김효철, 서정천, 박영민

(46) "플랩이 부착된 2차원 날개에 제트분사가 양력에 미치는 영향에 관한 공동수조 에서의 실험적 연구", '2000추계 학술대회 논문집, pp 184 - 187, 대한조선학회, 2000년 11월 10일, 오 정근, 안 해성, 김 효철

(47) "가변 모울드를 이용한 복합재료 선박 생산 시스템", '2000추계 학술대회 논문 집, pp 84 - 87, 대한조선학회, 2000년 11월 10일, 김재성, 이재규, 권종오, 김효 철

(48) "발수성 표면에의 공기 윤활법 적용과 저항 감소 효과에 대한 연구", '2000추계

학술대회 논문집, pp 151 - 154, 대한조선학회, 2000년 11월 10일, 안일준, 장진호, 김효철

(49) "FRP 선박의 Mouldless 건조방식", FRP 선박건조 신기술 세미나, 선박검사기술협회 부산지부, pp84-94 2000년 12월 1일, 김효철, 김재성, 이재규

2001

(50) "프로펠러와 선체의 상호작용에 대한 전류고정날개의 효과", '2001 춘계 학술대회 논문집, pp 151 - 154, 대한조선학회, 2001년 4월 19일, 양지만, 박기현, 김효철, 서정천, 박영민

(51) "복합재료선박의 혁신적인 생산시스템", '2001 춘계 학술대회 논문집, pp 220 - 223, 대한조선학회, 2001년 4월 19일, 권종오, 김재성, 이재규, 김효철

(52) "Cantilever형 무인 예인전차시스템 설계", '2001 춘계 학술대회 논문집, pp 224 - 227, 대한조선학회, 2001년 4월 19일, 김형기, 김재성, 김효철

(53) "횡방향 riblet이 선저의 공기공동 형성에 미치는 영향", '2001 춘계 학술대회 논문집, pp 228 - 231, 대한조선학회, 2001년 4월 19일, 안일준, 장진호, 김효철

(54) "소형 고속정에 대한 공기윤활법의 실제적인 적용에 관한 연구", '2001 춘계 학술대회 논문집, pp 232 - 235, 대한조선학회, 2001년 4월 19일, 장진호, 김재성, 이승희, 김효철

(55) "인력선 Poseria호의 설계와 건조 실적 보고", '2001 추계 학술대회 논문집, pp 208 - 211, 대한조선학회, 2001년 11월 9일, 최봉준, 김재성, 김효철

(56) "프로펠러와 선체의 상호작용에 대한 전류고정날개의 효과(2)", '2001 추계 학술대회 논문집, pp 216 - 219, 대한조선학회, 2001년 11월 9일, 양지만, 김광, 박기현, 김효철, 서정천, 박영민

(57) "공기 윤활법을 적용한 소형 시험선의 속력 시운전", '2001 추계 학술대회 논문집, pp 231 - 234, 대한조선학회, 2001년 11월 9일, 장진호, 김재성, 김효철

(58) "소형 고속선의 유체역학적 성능을 원격 계측하는 방법에 관한 연구", '2001 추계 학술대회 논문집, pp 240 - 243, 대한조선학회, 2001년 11월 9일, 김형기, 김효철

(59) "새로운 생산 시스템을 이용한 복합재료 선박의 시험 건조와 성능에 관한 연구", '2001 추계 학술대회 논문집, pp 100 - 103, 대한조선학회, 2001년 11월 9일, 권종오, 김재성, 김효철, 이재규

(60) "보조날개가 달린 2차원 날개 주위의 압력 분포에 미치는 제트분사의 영향계측", '2001 추계 학술대회 논문집, pp 120 - 123, 대한조선학회, 2001년 11월 9일, 오정근, 안해성, 김효철

2002

(61) "물제트 분사를 위한 보조날개가 부착된 2차원 날개의 표면압력 계측", '2002 춘계 학술대회 논문집, pp 246 - 249, 대한조선학회, 2002년 4월 19, 안해성, 오정근, 김효철

(62) "Anti- rolling tank의 주기조절 장치의 효과에 관한 연구", '2002 춘계 학술대회 논문집, pp 260 - 263, 대한조선학회, 2002년 4월 19, 유재문, 김효철, 최봉준

(63) "함정의 조종성능 및 운동안정의 향상을 위한 선체부가형 고양력 발생장치에 관한 연구", 제4회 해상무기체계 발전 세미나, pp 165-171, 2002년 7월 4일, 안해성, 오정근, 김재성, 서정천, 김효철

2003

(64) "콴다 효과를 응용한 플랩이 달린 고양력 날개장치에 대한 실험적 연구", '2003 춘계 학술대회 논문집, pp 301 - 306, 대한조선학회, 2003년 4월 17, 안해성, 김효철

(65) "고양력 발생 Rudder의 모형시험을 위한 System 구축", '2003 춘계 학술대회 논문집, pp 307 - 311, 대한조선학회, 2003년 4월 17, 최봉준, 안해성, 김재성, 김효철

(66) "경사상태에 있는 비대선의 저항추진 성능", '2003 추계 학술대회 논문집, pp 216 - 221, 대한조선학회, 2003년 10월 30, 양지만, 김효철

(67) "무인 고속 예인전차를 이용한 레저 보트의 저항특성 고찰", '2003 추계 학술대회 논문집, pp 222 - 228, 대한조선학회, 2003년 10월 30, 신정일, 박호원, 양지만, 김재성, 김효철

(68) "Coanda 현상 응용 고양력 발생 Rudder 모형의 단독성능 시험", '2003 추계 학술대회 논문집, pp 245 - 250, 대한조선학회, 2003년 10월 30, 최봉준, 박호원, 김재성, 김효철

(69) "선박용 고양력 발생장치에 대한 실험적 연구", '2003 추계 학술대회 논문집, pp 324 - 329, 대한조선학회, 2003년 10월 30, 안해성, 오정근, 김효철

(70) "인력선 Poseria 2003호의 설계 및 하이드로 포일 최적화", '2003 추계 학술대회

논문집, pp 386 - 391, 대한조선학회, 2003년 10월 30, 하승현, 김재성, 김효철

2004

(71) "콴다 현상을 응용한 고양력 타장치가 조종성능에 미치는 영향에 관한 연구", '2004 춘계 학술대회 논문집, pp 88 - 93, 대한조선학회, 2004년 04월 22일, 최봉준, 김효철

(72) "자세변화가 비대선 주위의 유동현상과 저항성능에 미치는 영향해석", '2004 춘계 학술대회 논문집, pp 306 - 314, 대한조선학회, 2004년 04월 22일, 양지만, 김효철, 이재규, 반석호, 김 진, 박일룡

(73) "저속 비대선 타 장치의 성능과 조종성능에 관한 실험적 연구", '2004 춘계 학술대회 논문집, pp 732 - 737, 대한조선학회, 2004년 04월 23일, 박호원, 양지만, 김재성, 김효철

(74) "마찰저항 감소를 위한 공기공동의 형성과 선저표면 특성의 영향에 대항 실험적 연구", '2004 춘계 학술대회 논문집, pp 1250 - 1255, 대한조선학회, 2004년 04월 22일, 안일준, 장진호, 김효철

(75) "자세변화가 비대선의 저항추진 성능에 미치는 영향해석". '2004 추계 학술대회 논문집, pp 78-84, 대한조선학회, 2004년 10월 20-22일, 양지만, 김효철, 이신형

(76) "무인 고속 예인전차를 이용한 레저 보트의 저항특성 고찰" '2004 추계 학술대회 논문집, pp 517-525 , 대한조선학회, 2004년 10월 20-22일, 신정일, 양지만, 박호원, 김재성, 김효철

2005

(77) "전개형 FRP 선박의 무형틀 건조방법에 관한 연구", '2005 년도 해양과학 기술협의회 공동학술대회 논문집, pp 1136 - 1143, 대한조선학회, 2005년 , 양지만, 하윤석, 김효철

(78) "우리나라 선형시험수조의 발전", 우리나라 수조 42년, 서울대학교 호암교수회관 , pp 198~265, 2005년 12월 20일 , 김효철

2006

(79) "틈새유동차단장치를 이용한 타 캐비테이션의 회피방안", 2006년 한국해양과학기술협의회 공동학술대회, 5월 15~16일, 부산 BEXCO, pp733~738, 이신형, 오정근, 서정천, 유재문, 김효철

2007

(80) "타의 틈새유동 차단장치 개발 및 실험적 검증", '2007 추계 학술대회 논문집, pp 287 - 293, 대한조선학회, 2007년 11월 22~23일, 제주, 오정근 서대원, 이신형, 이승희, 김효철

2008

(81) "원심펌프를 활용한 고 양력 발생 타 장치", 한국해양과학기술협의회 공동학술대회 대한조선학회 학술대회 논문집, pp 812-817, 2008년 5월 29일, 김효철

(82) "제트노즐 형상이 코앤다 날개의 성능에 미치는 영향", 한국해양과학기술협의회 공동학술대회 대한조선학회 학술대회 논문집,pp1066~1074, 2008년 5월 29일, 서대원, 김종현, 김효철, 이승희

(83) "조선기술개발 협력체계 조사연구-기술개발 협력기구 계획(안) 수립-", 한국해양과학기술협의회 공동학술대회 대한조선학회 학술대회 논문집, pp649~651, 특별세션, 2008년 5월 29일, 제주, 김효철

(84) "PIV 기법을 이용한 혼-타의 간극유동에 대한 가시화 연구", '2008 추계 학술대회 논문집, pp 49 - 58, 대한조선학회, 2008년 11월 13-14일, 창원, 신광호, 장홍석, 서정천, 이신형, 이승희, 오정근, 김효철

(85) "간극 유동제어를 위한 수치해석", 2008 추계 학술대회 논문집, pp 440 - 446, 대한조선학회, 2008년 11월 13-14일, 창원, 서대원, 김종현, 김효철, 이승희,

(86) "간극 내에 돌출부가 있는 타 장치 간극유동에 관한 수치해석", 2008 추계 학술대회 논문집, pp 800 - 807, 대한조선학회, 2008년 11월 13-14일, 창원, 오정근, 서대원, 김효철

2009

(87) "틈새유동 차단봉의 대칭 배치 효과", 한국해양과학기술협의회 공동학술대회 대한조선학회학술대회논문집, pp 1047-1049, 2009.05.28.-29. 창원, 오정근, 서대원, 이승희

(88) "콴다 러더의 제트 슬릿특성이 양력성능에 미치는 영향", 한국해양과학기술협의회 공동학술대회 대한조선학회학술대회논문집, pp 1050-1053, 2009.05.28-29. 창원, 서대원, 오정근, 김효철, 박정한, 김정환, 이승희

(89) "좌우동요-횡동요 연성운동이 가능한 벤치테스터 설계 검토", 한국해양과학기술협의회 공동학술대회 대한조선학회학술대회논문집, pp 1657-1666, 2009.05.28.-29. 창원, 유재문, 구성필, 김효철

(90) "콴다 효과를 이용한 고양력 날개장치의 실험적 연구", 서대원, 오정근, 박정한, 김효철, 이승희, Proceedings of the Annual Autumn Meeting, SNAK, Mungyeong, 29-30 October, 2009, pp184-185

(91) "혼-타의 수평틈새가 캐비테이션에 미치는 영향", Proceedings of the Annual Autumn Meeting, SNAK, Mungyeong, 29-30 October, 2009, pp906-913, 서대원, 이승희, 오정근, 김효철,

(92) "회전하는 실린더를 뒷날에 부착한 고양력 타장치에 관한 수치적 연구", 오정근, 김효철, 서대원, Proceedings of the Annual Autumn Meeting, SNAK, Mungyeong, 29-30 October, 2009, pp673-677

2010

(93) "콴다 제트 타 장치 설계에 관한 연구", 한국해양과학기술협의회 공동학술대회 대한조선학회학술대회논문집,pp 640-648, 대한조선학회, 2010.06.03.-04. 제주, 오정근, 김효철

(94) "회전자를 이용한 고양력 타 장치에 대한 수치적 연구", 대한조선학회 2010년도 정기총회 및 추계학술대회, pp 570-573, 창원, 2010.10.22., 대한조선학회 기획세션, 오정근, 김효철

(95) "좌우동요 영향이 ART 성능에 미치는 영향", 2010 추계 학술대회 논문집, pp 1041, 대한조선학회, 2010년 10월 21-22일, 창원, 유창수, 구성필, 김효철, 류재문, 지용진

2011

(96) "혼타 뒷날에 붙은 회전자가 타 성능에 미치는 영향에 관한 연구", 한국해양과학기술협의회 공동학술대회 대한조선학회학술대회논문집, pp 861-869, 대한조선학회, 2011.06.02.-03. 부산, 오정근, 김효철

(97) "초고속선 실험을 위한 신형식 예인전차 개발", 구성필, 함연재, 김효철, 대한조선학회 선형시험수조연구회 KTTC 2012 춘계 숍, 2012.06.28.

2012

(98) "회전자를 부착한 2차원 날개에 관한 실험적 연구", 2012년도 한국해양과학기술협의회 공동학술대회 대한조선학회학술대회논문집, pp 1202-1207, 대한조선학회, 2012.05.31.-06.01. 대구, 오정근, 김효철

2014

(99) 김승섭, 류재문, 김효철, "부유식 태양광 발전시스템의 밸러스트 응용 태양 추적기술의 개발", 대한조선학회 춘계학술대회, 2014.05.22

(100) 김영민, 서정천, 김효철, 외, "로프 구동 고속전차의 가속특성이 전차의 속도 특성에 미치는 영향", 대한조선학회 춘계학술대회, SNAK_C2014A_0037, 2014.05.22.

(101) 김준호, 김승섭, 이길송, 양영원, 정선옥, 류재문, 김효철, 오정근, 부유식 태양광 발전시스템의 밸러스트를 이용한 태양추적기술의 개발, 한국태양에너지학회 추계학술발표회논문집, p252, 2014년 11월, 부경대학교

2015

(102) 김효철, "KTTC 모형시험법 국내 표준화 방안 연구", KTTC 2015 춘계 숍, 삼성중공업 대덕연구센터컨퍼런스룸, 2015.04.18.

(103) 김상현, 이승희, 이영길, 김재성, 김효철, "인하대학교 예인수조시스템 설계 및 구축", KTTC 2015 하계 숍, 인하대학교 정석학술정보관 6층, 국제회의장, 2015.08.27.

2016

(104) 김효철, 고석천, 서정천, 안해성, 이신형, 이승희, 이인원, 최순호, "KTTC 모형시험법 국내 표준화 방안 연구", KTTC 2016 춘계 숍, 창원대학교 85호관 401호

(105) 김재성, 김효철, "외팔보형 고속 예인전차의 설계", 대한조선학회 춘계학술대회, 부산 BEXCO 311호, 2016.05.20. (금) 11:00-12:40

(106) 김효철, "수조시험용 모형선 및 모형추진기, 부가물 제작과 계측 표준화", 대한조선학회 추계학술회의, 창원 컨벤션 센터, 2016.11.03. (목) 12:00~13:40

2017

(107) 김효철, 이승희, 이신형, 이인원, "모형선과 모형프로펠러의 표준화", 2017년 한국해양과학기술협의회 공동학술회의, 대한조선학회 기획세션, 4월 19일~20일, 부산 BEXCO

(108) 권종오, 재문, 김효철, 오정근, "조파판 수중운동의 근사해석과 조파기 설계에 응용", 2017년 한국해양과학기술협의회 공동학술회의, 대한조선학회 세션, 4월 19일~20일, 부산 BEXCO

(109) 김효철, "KTTC 저항분과 공동연구 결과보고", KTTC 2017 춘계 Workshop, 2017년 05월 11일, 인하대학교

(110) 강승현, 김효철, "중국 상해선박운수과학 연구소의 발전과 예인전차 시스템 공급보고", KTTC 2017 춘계 Workshop, 2017년 05월 11일, 인하대학교

(111) 김효철, 권종오, 류재문, 오정근, "수중평판요소의 수중왕복운동에 대한 근사 이론해석과 특성", KTTC 2017 춘계 Workshop, 2017년 05월 11일, 인하대학교

(112) 오정근, 김주열, 권종오, 류재문, 김효철, "조파판 수중운동에 대한 근사해석과 수치해석", 대한조선학회 정기총회 및 학술회의, 여수엑스포 컨벤션 센터, 2017년 11월 03일

2018

(113) 권종오, 김효철, 류재문, 김재성, "이중플랩 조파기의 설계 및 2차원 수조실험을 통한 성능분석", KTTC 2018 춘계 workshop, 2018년 04월 12일, 부산대학교

(114) 권종오, 김효철, 류재문, 김재성, 오정근, "이중플랩 조파기 설계 및 실험을 통한 선형중첩 이론의 검증". 2018년 한국해양과학기술협의회 공동학술회의, 대한조선학회 세션, 2018년 05월 24~25일, 제주 ICC

(115) 김효철, 권종오, 류재문, 오정근, 김재성, "상하부 수평동요가 다른 조파판의 이중동요 근사해석". 2018년 한국해양과학기술협의회 공동학술회의, 대한조선학회 세션, 05월 24~25일, 제주 ICC

(116) 김효철, 오정근, 권종오, 류재문, 이승희, 윤현규, 수중조파판의 조파성능과 신형식 다기능 조파기에 응용", 2018년 추계 · KTTC workshop, 선박해양 플랜트 연구소(KRISO), B동 3층 세미나실, 2018. 11.01.

(117) 권종오, 류재문, 김효철, 오정근, 윤현규, 이승희 ,"2차원 수조에서의 불 규칙파 생성 및 해석에 관한 실험적 연구". 2018년 추계 · KTTC workshop, 선박해양 플랜트 연구소 B동 3층 세미나실, 2018. 11.01.

(118) 김효철, 권종오, 류재문, 오정근, 윤현규, 이승희, "상단과 하단이 독립적으로 동요하는 신형식 조파기 설계", 대한조선학회 2018년도 정기총회 및 추계학술대회, 2018.11.08.~09, 창원 컨벤션 센터

(119) 김효철, 오정근, 윤현규, 함연재, 류재문, 이승희, "신형식 하이브르드 조파시스템 설계보고", 2019년 춘계 KTTC workshop, 2019년 04월 18일, DSME 중앙연구원 시흥 R&D 센터

(120) 오정근, 김효철, 류재문, 이승희, 윤현규, 함연재, "수중조파판의 조파성능과 신형식 다기능 조파기에 응용", 대한조선학회 2019년도 한국해양과학기술협의회 공동학술대회, 2019.05.15.~17, 제주 ICC

(121) 김효철, 오정근, 류재문, 함연재, 이승희, 윤현규, 오진석, 이헌석, "하이브리드 조파기의 설계와 성능실험", 2019년 추계 KTTC Workshop, 2019.10.17~18, 현대중공업 인재교육원 창조관

(122) 김효철, 오정근, 류재문, 함연재, 이승희, 윤현규, 오진석, 이헌석, "신형식 하이브리드조파기의 설계와 제어논리 구축", 대한조선학회 2019년도 정기총회 및 추계학술대회, 2019.10.24~25, 경주 화백 컨벤션 센터

(123) 김효철, 오정근, 류재문, 윤현규, "상하단이 수평 동요하는 수중 조파판에 의해 생성된 수면 파에 대한 실험적 연구", 대한조선학회 2019년도 정기총회 및 추계학술대회, 2019.10.24~25, 경주 화백 컨벤션 센터

■ 국제학술회의 게재 논문 ■

(1) "Wave Resistance of Double Model in Finite Depth and its Application to Hull Form Design", Proceedings of International Workshop on Wave Resistance Computation, pp 383-395, Washington, 1979, Hyochul Kim, J.C. Seo

(2) "Wave Resistance and Squat of a Ship Towed Near Critical Speed", 18th International Towing Tank Conference, PP 53-54, Kobe, 1987, H.S. Choi, H.kim

(3) "Slow Drift Motion and Damping", 18th International Towing Tank Conference, p287, Kobe, 1987, H.S. Choi, H.kim

(4) "On the Added Resistance Components of Container Ship S 175", 18th International Towing Tank Conference, pp247-249, Kobe, 1987, Hyochul Kim

(5) "Some Extension of Series 60 Data for Full Ship", The Proceedings of Korea-Japan Workshop on Hydrodynamic in Ship Design, pp 88-99, Seoul, 1991, .H. Yoo, S.S. Rhyu, S.H. Rhee, H. Kim

(6) "A Study on Stern Form Modification of Full Ship", Hull Form Design and Flow Phenomena HULL 92, pp1-14, Incheon, 1992, S.H. Rhee, S.S. Rhyu, H. Kim

(7) "On the Theoretical and Experimental Approaches For Improvement of Ship Propulsive Efficiency", The 5th International Symposium on Practical Design of Ship and Mobile Units: PRADS '92, pp I.704-I.714 Newcastle Upon Tyne, 1992, Hyochul Kim, Seung-Hee Lee, Chang-Sup Lee

(8) "The Wave Resistance of Wigley Hull in Acceleration State", The Second Japan-Korea Joint Workshop on Ship and Marine Hydrodynamic, pp121-126, Osaka, 1993, DoHyun Kim, Hyochul Kim

(9) "A Study on the Resistance and Wake Characteristics of Full Ship Series", The Sixth International Symposium on Practical Design of Ship and Mobile Units: PRADS '95, I.97-I.110, Seoul, 1995, Seong Sun Rhyu, Hyochul Kim

(10) "A Study on the Design of Ship's Bow Form Using Surface Panel Method", The Proceedings of Third Korea-Japan Joint Workshop on Ship and Marine Hydrodynamic: KOJAM '96, pp 43-50, Taejeon, 1996, Jae-Hoon Yoo, Hyochul Kim

(11) "Numerical Solution of 2-dimensional Hydrofoil Moving under the Nonlinear Free Surface", Proceedings of the Second Hull Form Design and Flow Phenomena: HULL 96, pp112-120, Incheon, 1996, Do-Hyun Kim, Geun-Tae Yim, Suak-Ho Van, Wu-Joan Kim, Hyochul Kim

(12) "Effect of air Injection on the Resistance Reduction of a Semi-planing Hull", Proceedings of International Conference on High Speed Marine Vehicle :HSMV'97, pp4.61-4.73, Sorrento, Italy, 1997, Kyung-Hwan Kim, Hyochul Kim, Seung-Hee Lee

(13) "Formation of Air Cavity on the bottom of Stepped Semi Planing Boat and its Effect on Resistance", Proceeding of the China-Korea Marine Hydrodynamic Meeting: CKMHM'97, pp350-357, Shanghai, August 1997, Seok-Cheon Go, Bum-Woo Han, Hee-Seok Yoo, Hyochul Kim

(14) "A Note on a Resistance Test of a High Speed Planing Hull", Proceeding of the China-Korea Marine Hydrodynamics Meeting: CKMHM'97, pp 137-144, Shanghai, August 1997, Myoungkeun Choi, Haesung Ahn, Hojin Kim, Hyochul

(15) "Experimental Study on the Performance Improvement of Passive Anti-Rolling Tank", Proceeding of the China-Korea Marine Hydrodynamics Meeting: CKMHM'97, pp324-329, Shanghai, August 1997, pp 324-329, Changsup Baek, Jae-Moon Lew, Hyochul Kim, Jinho Chang, Jaesung Kim

(16) "Improvement in Resistance Performance of a Barge by Air Lubrication", The Seventh International Symposium on Practical Design of Ship and Mobile Units: PRADS '98, pp 655-661, Hague, 1998, Jinho Jang, Hyochul Kim, Seung Hee Lee

(17) "Nonlinear Potential Flow Calculation for the Wave Pattern of Practical Hull Forms", Proceedings of the Third International Conference on Hydrodynamics: ICHD 98, pp 79- 83, 1998. Oct., Seoul, Do-Hyun Kim, Wu-Joan Kim, Suak-Ho Van and Hyochul Kim

(18) "On the Drag Reduction of a boat by Air Cavity Attached to the Flat Bottom Hull", Proceedings of the Third International Conference on Hydrodynamics: ICHD 98, pp 247-252,1998. Oct., Jinho Jang, Hyochul Kim

(19) "The Experimental Study for the Application for the Coanda Effect on a Flapped Rudder", Proceedings of the Third International Conference on Hydrodynamics:

ICHD 98, pp 259-264,1998. Oct., Haesung Ahn and Hyochul Kim

(20) "Propeller Induced Surface Pressure on the Stern Part of a Full Ship", Proceedings of the Fourth Japan-Korea Joint Workshop on Ship and Marine Hydrodynamics JAKOM '99, PP165-170,1999. July 12,Fukuoka, Japan, Jiman Yang, Taehyun Yang, Jungkeun Oh, Hyochul Kim

(21) "Resistance Performance of stepped Prismatic Body with Inverted V bottom", Proceedings of the Fourth Japan-Korea Joint Workshop on Ship and Marine Hydrodynamics JAKOM '99, PP329-336, 1999. July 12,Fukuoka, Japan, Myung-Keun Choi, Jung-Keun Oh, Jinho Jang, Hyochul Kim

(22) "An Experimental Study on the Performance of Anti-rolling Tanks", Proceedings of the Fourth Japan-Korea Joint Workshop on Ship and Marine Hydrodynamics JAKOM '99, PP351-358, 1999. July 12,Fukuoka, Japan, Ilnam Bang, Hyochul Kim, Jae-Moon Lew, Changsup Baek

(23) "Development of Propeller Dynamometer Applicable for Small Size Ship Model", Proceedings of the Fourth Japan-Korea Joint Workshop on Ship and Marine Hydrodynamics JAKOM '99, pp429-434, 1999. July 12, Fukuoka, Japan, Jaesung Kim, Haesung Ahn, Hyochul Kim, Inho Kim

(24) "An Experimental Evaluation of the Coanda Effect on a Submerged Flapped Wing", Proceedings of the Fourth International Conference on Hydrodynamics: ICHD2000 , pp133 - 138, 2000, September, 7 -9, Yokohama, Japan, Haeseong Ahn, Jungkeun Oh, Hyochul Kim.

(25) "A Practical Application of Air Lubrication on a Small High speed Boat", The Eighth International Symposium on Practical Design of Ships and Other Floating Structures: PRADS '2001, Shanghai, September, 16-21, 2001, pp 113 - 118, Jinho Jang, Il Jun Ahn, Jaesung Kim, Jung-Chun Suh, Hyochul Kim, Seung-Hee Lee and Museok Song

(26) "New Production System for Vessels of Composite Materials Using an Adjustable Mould", The Eighth International Symposium on Practical Design of Ships and Other Floating Structures: PRADS '2001, Shanghai, September, 16-21, 2001, pp 367 - 372, Jong Oh Kwon, Jaesung Kim, Jung Chun Suh, Hyochul Kim, Seung Hee Lee, Young Gill Lee, Kisung Kim, Jae Wook Lee, Jae Moon Lew, Sanghong Lee, Jae Kyu Lee,

Dae Sun Kang, Duk Soo Chung

(27) "Effect of Vertical Pre-swirl Stator vanes on the propulsion performance of a 300K CLASS VLCC", The Eighth International Symposium on Practical Design of Ships and Other Floating Structures: PRADS '2001, Shanghai, September, 16-21, 2001, pp 799 - 806, Jiman Yang, Kihyun Park, Kwang Kim, Jungchun Suh, Hyochul Kim, Seunghee Lee, Jungjoong Kim and Hyoungtae Kim

(28) "Analysis of a Jet-Controlled High-Lift Hydrofoil with a Flap", 24th Symposium on Naval Hydrodynamics, Fukuoka, Japan, p1~10, July 8-13, 2002, Shin Hyung Rhee, Sung-Eun Kim, Haesung Ahn, Jungkeun Oh, Hyochul Kim

(29) "Improvement in Resistance Performance of High Speed Boat with Air Lubrication", The 6th International Symposium on High Speed Marine Vehicles, Castello de Baia, Italy, 18~20 September 2002, pp III1~III7, Jinho Jang, Hyochul Kim, Seung-Hee Lee

(30) "Application of Coanda Effects to a Ship Hydrofoil", The 6th International Symposium on High Speed Marine Vehicles, Castello de Baia, Italy, 18~20 September 2002, pp III9~III18, Jungeun Oh, Haesung Ahn, Hyochul Kim, Seung-Hee Lee, Jae-Moon, Lew

(31) "Development of Passive and Active Anti-Rolling Tanks", ISOPE PACOM , pp 1-6, Paper N0. 2002-SWH-04 Lew, Daejeon, J.M. Lew, Hyochul Kim and Bong-Joon Choi

(32) "Development of a New Mouldless FRP Production System Applicable to a fishing Boat of High Performance", Proceedings of the 8th International Marine Design Conference, pp 461-472, Athens Greece, 5~8 May 2003, H Kim, S,-H, Lee, J. M. Lew

(33) "An Experimental Evaluation of Performance of High Lifting Rudder under Coanda Effect", International workshop on Frontier Technology in Ship and Ocean Engineering, 2003, Seoul Korea , 10~11 December 2003, pp. 1~12, Bong-Joon Choi and Hyochul Kim

(34) "An Experimental Study on the Marine Lifting Devices enhanced by Coanda Effect", International workshop on Frontier Technology in Ship and Ocean Engineering, 2003, Seoul Korea, 10~11 December 2003, pp. 13~21, Haeseung Ahn, Junkeun Oh and Hyochul Kim

(35) "Design and Construction of Controlled Passive Anti-Rolling Tanks", International workshop on Frontier Technology in Ship and Ocean Engineering, 2003, Seoul Korea , 10~11 December 2003, pp. 213~222, Jae-Moon Lew,Hyochul Kim and Bong-Joon Choi

(36) "Ship Resistance Reduction by Air Lubrication", International workshop on Frontier Technology in Ship and Ocean Engineering, 2003, Seoul Korea, 10~11 December 2003, pp. 367~374, Jinho Jang and Hyochul Kim

(37) "Buildup and consolidation of sea ice ridges", International workshop on Frontier Technology in Ship and Ocean Engineering, 2003, Seoul Korea, 10~11 December 2003, pp. 131~140, Aleksey Marchenko, Hyochul Kim, Yuri Gudoshnikov, Gennadi Zubakin and Alexander Makshtas

(38) "Evaluation of Resistance Performance of a Motor Boat Using a High-Speed Towing Carriage", Proc. Inter'l Symp. On yacht design and production, pp 135-148, Mardrid, 25-26 March 2004, Jeongil Shin, Jiman Yang, Howon Park, Jaesung Kim, Hyochul Kim, Seung-Hee Lee and Jae Moon Lew

(39) "An Experimental Evaluation on the Performance of High Lifting Rudder under Coanda Effect", The Eighth International Symposium on Practical Design of Ships and Other Floating Structures: PRADS '2004, Leubeck Travermunde, Deutschland, September, 12-18, 2004, pp 329-336, BongJoon Choi, Howon Park, Hyochul Kim, Seung Hee Lee

(40) "Evaluation of Resistance Performances of a Racing Boat Using unmanned High-Speed Towing Carriage,"The 4th Conference for New Ship and Marine Technology (New S-Tech 2004), Shanghai, China, October 26-29, 2004, pp 169-177, Jeongil Shin, Jiman Yang, Howon Park, Jaesung Kim, and Hyochul Kim

(41) "Evaluation of Resistance Performance of a Power Boat Using unmanned High-speed Towing Carriage", International Conference on Hydrodynamics 2004, pp 109-115, Perth, Western Australia. November, 24-26, 2004, pp109-116, Jeongil Shin, Jiman Yang, Howon Park, Jaesung Kim, Hyochul Kim, Sanghong Lee , Suak-Ho Van

(42) "Experimental Evaluation of High Performance Rudder Enhanced by Coanda Effect for VLCC at Low Speed Operation", International Conference on Hydrodynamics

2004, pp 37-43, Perth, Western Australia. November, 24-26, 2004, pp37-44, B. J. Choi, Jiman Yang, Howon Park, Jaesung Kim, Hyochul Kim

(43) "Evaluation of Propulsive Performance of a Tanker in Damaged Condition", International Conference on Hydrodynamics 2004, Perth, Western Australia. November, 24-26, 2004, pp159-166, Jiman Yang, S. H. Rhee, J. K. Lee, Hyochul Kim

(44) "Resistance Reduction of a Small High-Speed Boat by Air lubrication", The Second International Symposium Seawater Drag Reduction, pp 239-244, Busan, Korea, 23-26 May, 2005, Jinho Jang, Iljune Ahn and Hyochul Kim

(45) "Development of a High Performance Cavitation-Free Rudder System", ISOPE PACOM, pp 173-179, Paper No. 2005-WJK-03 RHEE , Seoul, 2005, Shin Hyung Rhee, Hyochul Kim

(46) "Analysis of Rudder Cavitation in Propeller Slipstream and Development of its Suppression Devices", SNAME Marine Technology Conference & Expo and Ship Production Symposium, Paper No D-12, pp1-15, Ft. Lauderdale, FL. 2006.10.13-16, Shin Hyung Rhee, Hyochul Kim,

(47) "Development of Rudder Cavitation Suppression Devices and its Concept Verification through Experimental and Numerical Studies", The 10th International Symposium on Practical Design of Ships and Other Floating Structures: PRADS '2007, pp1-8, Houston Texas, USA, September 30~October 5 2007, Shin Hyung Rhee, Jung Keun Oh, Seung-Hee Lee, Hyochul Kim

(48) "On a pusher-barge system for use in the Midwest coast of Korean Peninsular", The 12th International Maritime Association of the Mediterrane Congress, pp 575-581, Varna, Bulgaria, 2~6 September, 2007, Maritime Industry, Ocean Engineering and Coastal Resources, S. H. Lee, N. C. Kim, Y. G. Lee, S. H. Kim, H. Kim

(49) "Concept Verification of Rudder Gap Cavitation Suppression Device through Experiments and Computations", 27th Symposium on Naval Hydrodynamics, pp1-14, Seoul, Korea, 5-10 October 2008, Shin Hyung Rhee, Jungkeun Oh, Changmin Lee, Hee Bum Lee, Daewon Seo, Jung-Chun Suh, Seung-Hee Lee, and Hyochul Kim

(50) "A Numerical Study on the Geometry of Jet Injection Nozzle of a Coanda Control

Surface", Proccedings of The Third Pan Asian Association of Maritime Engineering Societies - PAAMS- and Advanced Maritime Engineering Conference 2008 -AMEC 2008- , 20~22 October 2008, pp107~116, Dae Won Seo, Joung Hyun Kim, Hyochul Kim, Seung-Hee Lee

(51) 'Rudder Cavitation and its Suppression Devices', Proceedings of FEDSM 2008 (2008 ASME Fluids Engineering Conference), pp1-5, Aug. 10-14, Jacksonville, Florida, USA, 2008. Oh, J.K., Lee, C.M., Lee, H.B., Seo, D.W., Rhee, S.H., Suh, J.C., Lee, S.H., and Kim, H.

(52) "Rudder Gap Flow Control for Cavitation Suppression Devices", Proceedings of the International Symposium on Cavitation CAV2009, pp1-5, August, 17~22, 2009, Ann Arbor, Michigan , USA, Δ Δ Jungkeon Oh, Changmin Lee, Hee Bum Lee, Shin Hyung Rhee, Jung Chun Suh, Hyochul Kim,

(53) "A Numerical study for the efficacy of flow injection on the diminution of rudder cavitation", The 3th Congress of Intl. Maritime Assoc. of Mediterranean, pp1-9, istanbul, Turkey, 12-15 Oct. 2009., D. W. Seo, S. H. Lee, J. K. Oh, and H. Kim,,

(54) "A Numerical study for Reduction of Rudder Cavitation with Gap Flow Control Device and Blocking Bars", The 3th Congress of Intl. Maritime Assoc. of Mediterranean, pp1-9, istanbul, Turkey, 12-15 Oct. 2009., J.K. Oh & H. Kim, D.W. Seo & S.H. Lee

(55) "A Numerical Study for Reduction of Rudder Cavitation with Gap Flow Retardation", 10th International Conference on Fast Sea Transportation, FAST 2009, pp1-12, Athens, Greece, October 2009, Jungkeun Oh, Daewon Seo, Hyochul Kim, Seung-Hee Lee, 2009,

(56) "A Numerical Simulation of the Trailing-Edge Rotor Effect on the Rudder Force", PRADS 2010, pp59~66, 2010.09. Rio de Janeiro, Brazil, Jungkeun Oh, Hyochul Kim, Daewon Seo, Seung-Hee Lee

(57) "Development of a High-Lift Rudder with Application of the Coanda Effect", PRADS 2010, pp150~158, 2010.09. Rio de Janeiro Brazil, Dae-Won Seo, Seung-Hee Lee, Jungkeun Oh, Hyochul Kim

294

■ 저서 ■

(1) 『한국의 배』. 김효철(도서편찬위원회 위원장), 김사수, 김성년, 김정호, 김호충, 박규원, 신상호, 이세혁, 이재욱, 장석, 홍성완. 지성사. 2006.

(2) 『조선기술』. 김효철(도서편찬위원회 위원장). 지성사. 2011.

(3) 『진수회 70년, 남기고 싶은 이야기들』. 김효철(편집위원회 위원). 지성사. 2015.

■ 편저 ■

(1) 『Hull Form Design and Flow Phenomena: HULLFORM'92』. S. W. Hong and H. Kim. Inha University. 1992

(2) 『The Sixth International Symposium on Practical Design of Ships and Mobile Units Volume I and Volume II』. H. Kim, J. W. Lee. The Society of Naval Architects of Korea. 1995.

(3) 『The Second Workshop on Hull Form Design and Flow Phenomena: HULLFORM'96, 1996, RRC for Transportation of Yellow Sea』. H. Kim. Inha University. 1996.

(4) 『The Third International Conference on Hydrodynamics - Theory and Applications』. H. Kim, S. H. Lee, S. J. Lee. Uiam Publishers. 1998.

(5) 『International Workshop on Frontier Technology in Ship and Ocean Engineering』. RIMSE. Hyochul Kim. Seoul National University. 2003.

■ 역서 ■

(1) 『선형설계를 위한 조파이론의 응용』. 홍성완, 김효철, 이영길. 인하대출판부. 1994.

(2) 『선형설계를 위한 점성이론의 응용』. 홍성완, 김효철. 인하대출판부. 1997.

(3) 『韓國の造船産業』(日語版). 金曉哲, 曺奎鍾, 黃宗屹, 仲渡道夫, 洪性完, 金士洙, 成田秀明, 張晢, 金正鎬, 梁承一. 현대문화사. 2005.

(4) 『요트의 과학』. 홍성완, 김사수, 김효철, 이승희, 이영길, 김용재, 김상현. 지성사. 2006.

(5) 『교양으로 읽는 조선공학』. 김효철, 이신형. 지성사. 2014.

(6) 『Shipbuilding Technology』. 김효철(편집위원장). 지성사. 2015.

2. 기술개발

■ 연구보고서 ■

(1) "내식 경합금 정의 개발에 관한 제 기본 문제의 연구", 1970, 과학기술처, R71-44, 연구원

(2) "전자계산기에 의한 조선설계법 개발에 관한 연구", 1971, 과학기술처, R72-9, 연구원

(3) "전자계산기에 의한 조선설계법 개발에 관한 연구", 1972,과학기술처, R-73-13, 연구원

(4) "연근해 어선의 조난방지 대책에 관한 조선학적 연구",1976,문교부, 연구원

(5) "공학계 대학원 교육내실화를 위한 설비 계획안",1980, 문교부, 연구원

(6) "선박의 모형시험 결과보고(KOMAC TYPE II)",1984,한국해사기술, 책임연구원

(7) "선박의 모형시험 결과보고(KOMAC TYPE IV)",1984,한국해사기술, 책임연구원

(8) "선박의 모형시험 결과보고(GT 100 ton Class: MSA)",1984, 한국해사기술, 책임연구원

(9) "공용 표준선박의 정수중 저항추정에 관한 실험적 연구 GT 500 급 표지 공작선, 1984,한 국해사기술(수로국),책임연구원,SNUTT-R-8404

(10) "Resistance-Test Results and Prediction of EHP for a Patrol Boat of the Tunisia Custom Office(L.O.A.. 20.5 m Class)",1985,KOMAC(Tunisia Custom Office),Program Leader, SNUTT-R-8501

(11) "Report on the Cooperative Experiment Program for Series 60(Cb = 0.6) of the KTTC Resistance Committee", 1986, KTTC, Program Leader, SNUTT-R-8601

(12) "GT 60 선망 부속 등선의 저항시험 결과보고", 1986, 한국해사기술, 책임연구원, SNUTT-R-8602

(13) "379톤급 참치어선의 구상선수 설계에 관한 실험적 연구", 1986, 한국해사기술, 책임연 구원, SNUTT-R-8603

(14) "충주호 유람선의 저항성능 추정에 관한 실험적 연구", 1986,한국해사기술, 책임연구 원,SNUTT-R-8605

(15) "선미유동 계측 및 압력분포해석", 1989,한국기계연구원, 책임연구원

(16) "60톤급 연근해용 어로지도선의 저항특성에 관한 실험적 연구", 1990, 한국해사기술(제 주도청),책임연구원,SNUTT-R-9004

(17) "40톤급 연근해용 어로지도선의 저항특성에 관한 실험적 연구", 1990, 한국해사기술(제주도청),책임연구원,SNUTT-R-9005

(18) "GT 220급 시험조사선의 저항성능 추정에 관한 실험적 연구", 1991, 한국해사기술, 책임연구원, SNUTT-R911001

(19) "한강도강용 선박 및 선대설계 계산서의 분석과 검토", 1992, 한국해사기술(한강관리사업소), 책임연구원, SNUTT-R-92031

(20) "한강도강용 선박 시스템의 저항성능 추정에 관한 실험적 연구", 1992, 한국해사기술(한강관리사업소), 책임연구원, SNUTT-R-94062

(21) "추진효율이 높은 선미형상도출을 위한 기초 연구", 1989-1992,한국과학재단, 책임연구원

(22) "60톤급 해경 경비정의 저항성능 추정에 관한 연구", 1993, 한국해사기술(해양경찰대), 책임연구원

(23) "230톤급 제주도 어업지도선의 저항성능 추정에 관한 연구", 1993, 한국해사기술(제주도청), 책임연구원

(24) "저항감소를 위한 격납식 선수 Fin(RBF) 설계에 관한 기초 연구", 1993,한국학술진흥재단, 책임연구원

(25) "4300톤급 대한통운 화물선의 저항성능 추정을 위한 실험적 연구",1994, 한국해사기술, 책임연구원, SNUTT-R-940602

(26) "선박의 저항성능 평가에 미치는 난류 촉진법의 영향조사", 1994,삼성중공업, 책임연구원,SNUTT-R941229

(27) "에너지 절약을 위한 선체 부가물 설계법의 기초 연구", 1992-1995, 한국 과학재단, 책임연구원

(28) "삼분력 검력계의 설계 개발에 관한 연구", 1995, 삼성중공업, 책임연구원,RIMSE-R-950331

(29) "3000톤급 해경 구난함의 저항, 운동성능의 추정에 관한 연구", 1995, 한국해사기술(해양경찰대),책임연구원, RIMSE-R-951101

(30) "실험적 방법에 의한 구상선수 형상의 설계와 저항성능 평가에 관한 연구", 1995, 한국해사기술, 책임연구원

(31) "HYBRID HYDROFOIL 선의 저항성능 시험연구", 1996,삼성중공업, 책임연구원, RIMSE-R-960330

(32) "선박 및 추진기의 유체역학적 특성 규명을 위한 계측 시스템의 설계 개발에 관한 연

구", 1996, 삼성중공업, 책임연구원

(33) "박막을 이용한 스트레인 게이지식 압력변환기 개발", 1996, 서울대공대 공학연구소, 책임연구원

(34) "표면 유체분출에 의한 수중날개의 성능향상", 1996-1998, 학술진흥재단, 책임연구원

(35) "능동형 감요수조 시스템 개발 연구", 1996-1997, 한국과학재단, 연구원

(36) "100톤급 관세청 행정선의 저항성능평가에 관한 실험적 연구", 책임연구원, 1996. 7, RIMSE - R - 960715

(37) "48m 급 어업실습선의 저항추진 성능 평가와 내항성능해석에 관한 연구", 책임연구원, 1997. 5, RIMSE - R - 970531

(38) "GT1000 ton 급 차도선의 저항성능과 조종성능 평가에 관한 실험적 연구", 책임연구원, 1997. 6., RIMSE - R - 970630. 대보해운

(39) "35노트급 해경 경비정의 저항성능 추정에 관한 실험적 연구", 책임 연구원, 1997. 8., RIMSE - R - 970731

(40) "공기공급이 선저외판의 마찰저항에 미치는 영향", 책임연구원, 1997, 한국과학재단

(41) "난류 유동장에 놓인 평판의 마찰 저항계측과 응용에 관한 연구", 1997. 4 -1998. 3, 삼성중공업

(42) "Mouldless FRP 공법개발과 공법적용 고효율어선의 개발에 관한 연구", 1998, 해양수산부

(43) "50톤급 해양경찰청 경비정의 저항성능 추정을 위한 연구", 책임연구원, 1999. 한국해사기술

(44) "300K VLCC의 선형개발을 위한 실험적 연구", 책임연구원, 1999. 한국해사기술

(45) "5600 TEU급 고속 컨테이너선의 저항추진성능의 규명을 위한 실험적 연구", 책임연구원, 2000. 12., 한국해사기술

(46) "5600 TEU급 고속 컨테이너선의 중앙 평행부 연장효과에 관한 연구", 책임연구원, 2001. 4., 한국해사기술

(47) "순환 조절식 고양력 타시스템의 성능추정에 관한 연구". 2001. 3-2002. 2, 서울대학교 발전기금

(48) "Coanda현상을 응용한 첨단 고속 선박의 핵심기술연구", 2001. 7-2004. 6. 학술진흥재단

(49) "해양시스템공학연구소의 산업지원기능 활성화를 위한 연구", 2002. 3-2003. 2, 해양시스템공학연구소

(50) "130톤급 해양조사선의 저항추진 성능 및 내항성능의 규명을 위한 실험적 연구" 2002. 6, 한국해사기술

(51) "총톤수 499톤급 어업지도선 모형수조시험", 2002. 6, 선박검사기술협회

(52) "35K 석유화학제품 운반선의 저항추진 성능의 규명을 위한 실험적 연구", 2003. 5, 한국 해사기술

(53) "111M급 RO-RO Steel Carrier의 저항성능 및 내항성능의 규명을 위한 연구", 2003. 6., 한국해사기술

(54) "105K급 Crude Oil Tanker의 저항성능 규명을 위한 실험적 연구", 2003. 6. 15, 한국해사 기술

(55) "모터보트 모형선의 저항성능 규명을 위한 실험적 연구", 김효철, 이재규, 김재성, 양지 만, 신정일, 박호원, 2004년 7월

(56) "소형선의 안전성 제고를 위한 효율적 검사방안", 김효철, 이승희, 이영길, 신종계, 유재 문, 홍성인, 2004년 12월 31일, 선박검사기술협회

(57) "조선산업 세계1위 지속을 위한 기술개발 협력방안에 관한 연구", 김효철, 이창섭, 장석, 이재욱, 이승희, 이영길, 유재문, 김상현, 2007년 3월, 한국해양연구원

(58) "조선기술개발협력체제 조사연구", 김효철, 2008년 5월 31일, 대한조선학회

(59) "미래조선기금(가칭) 조성사업 제안서", 2008. 11. 18. 대한조선학회 보고서

(60) "아라뱃길을 활용한 근해운송 시스템에 대한 고찰". 이승희, 김상현, 김효철, 오정근, 정 석물류통상연구원, 2010. 2. 28.

(61) "선박모형시험용 타력계 설계에 관한 연구", 김효철, 2010. 12. (주)동현시스텍 보고서

(62) "선박저항추진성능 시험기법의 표준화 연구", 고석천, 김효철, 서정천, 안해성, 이승희, 이신형, 이인원, 최순호, KTTC 2015년도 저항분과 공동연구사업 보고, 2016. 06. 30.

(63) "모형시험의 고정도화를 위한 모형선, 모형 추진기 및 부가물의 제작, 계측 표준화를 위 한 연구", 고석천, 김효철, 서정천, 안해성, 이승희, 이신형, 이인원, 최순호, KTTC 2016 년도 저항분과 공동연구사업 보고, p132, 2017. 06. 30.

■ 특허출원 ■

(1) "조절 가능한 형틀을 이용하는 복합재료 선박제조방법", 특허출원번호 10-2000-0052754, 특허 제0352149호, 2002.8.27., 특허청. 김효철(4-2000-041476-2) ,이상홍

(2) "저속비대선용 연직형 전류고정 날개", 특허출원번호 2001-6216, 관리번호 DPP010016, 특허등록 제433598호, 박영민(4-2001-004422-0), 서정천(4-2001-004423-6), 김효철 (4-2000 -041476-2), 2001.02.08

(3) "선박용 전개외판을 결합하는 장치", 실용신안 등록출원(2001-13680), 김효철(4 -2000 -041476 -2), 어드밴스드 마린테크(1 -2001 -011651 -4), 김재성(4 -2001 -013695 -7), 2001.05.10

(4) "조립식 FRP 보트", 특허출원번호(10-2001-0044015), 윤선영(4-1998-010525-3), 이재욱 (4-1998- 010713-0), 김효철(4-2000-041476-2), 2001.07.21

(5) "단과 횡방향 미소 요철구조를 이용한 선박용 공기 윤활 장치 및 방법", 출원번호(10-2001-0049801), 서울대학교 공과대학 교육연구재단(3-1998-006352-0), 김효철, 장진호, 안일준, 이승희, 2001. 8. 17

(6) "전개형 합성수지선의 외판 성형용 신축 지지주", 실용신안 등록출원(2001-13680), 어드밴스드 마린테크(1-2001 -011651 -4), 김효철(4 -2000 -041476 -2), 이재규, 권종오, 2001.05.10

(7) "고양력을 얻기 위한 선박용 타 장치", 출원번호(2001-0080741), 특허 0412220호, 등록일 2003.12.10, 서울대학교 공과대학 교육연구재단(3-1998-006352-0), 김효철, 서정천, 이승희, 김형태, 안해성, 오정근, 2001. 12. 18

(8) "저속비대선용 전류고정 날개",출원번호제2001-006216, 특허제0433598호, 등록일 2004년05월19일, 발명자 박영민, 서정천, 김효철

(9) "제트유동 분출방향 조절기가 구비된 선박용 타 장치", 출원번호 제2004-68089호, 발명자 김효철, 이승희, 이준열, 최봉준, 박호원, 2004년 8월27일

(10) "혼과 타판 사이에 틈새 유동 차단장치가 설치된 타 장치", 출원번호 2005-0040256, 출원일 2005년 5월 13일, 등록일, 2006년7월 19일, 등록 10-605125, 김효철, 서정천, 이신형, 양지만

(11) "이중차단 틈새유동차단기가 고정부와 가동부 사이에 설치된 선박용 타장치", 출원번호

제2006- 54006호, 출원일자 2006년6월15일, 등록 2007.06.28, 특허 제10-0735724, 김효철, 유재문, 오정근, 서정천, 이신형

(12) "혼과 타판사이에 틈새유동차단봉이 설치된 선박용 타장치 및 설치방법", 출원번호 제2009-0046939호, 출원일자 2009년5월 28일, 이승희, 김효철, 이영길, 김상현, 오정근, 서대원

(13) "타력 향상과 틈새 캐비테이션 억제용 혼 내부의 제트유동 분출장치"특허출원번호 제2009-57436호., 출원일자 2009.06.26, 김효철, 이승희, 이영길, 김상현, 오정근, 서대원

(14) "선박용 감요 모형의 강제동요 시험장치", 출원번호: 10-2009-0075141, 출원일자: 2009.08.14, 등록일자: 2009.12.22. 특허 10-0934618, 김효철, 류재문, 지용진

(15) "혼-타에서 핀틀 블록 상부의 수평틈새 차단장치", 출원번호 10-2010-0039938 (접수번호 1-1-2010-0278002-15), 출원일자 2010.04.29, 김효철, 이승희, 이영길, 김상현, 오정근, 서대원, 함연재

(16) "타판 뒷날에 회전자가 설치된 선박용 타 장치", 출원번호 10-2010-0039939 (접수번호 1-1-2010-0278003-61), 출원일자 2010.04.29, 김효철, 이승희, 이영길, 김상현, 오정근, 서대원, 함연재

(17) "중량평형을 활용한 태양광 발전용 태양 추적 장치". 출원번호 10-2010-0085288(접수번호 1-1-2010 -0567020-38), 출원일자 2010.09.01. 등록번호 제10-1201716, 등록일자: 2012년 11월 09일, 김효철, 유재문

(18) "서보파고계", 출원일자 2009.06.25. 출원번호 제2009-0008205호, 김인호, 김효철, 등록일자: 2012.05.09., 등록 제20-0460359호

(19) "급가속 및 급감속이 가능한 모형선 예인 전차용 차륜현가장치", 출원일자 2013.07.23., 출원번호 10-2013-0086549(접수번호1-12013-0662819-66), 등록일 2014년01월10일, 등록번호;특허 제10-1352464호, 출원인 주식회사 동현씨스텍(1- 2009-041490-5), 발명인 함연재, 김효철, 구성필

(20) "태양광 발전기지용 조립식 부유구조물", 위닝비지네스, 김효철, 류재문, 김형만, 함연재, 등록번호 10-1245338

(21) "천장 기구물", 김인호, 오정근, 김효철, 출원번호 10-2018-0092786(접수번호 1-1-2014-0689794-13)

(22) "조파판에 플랩이 붙여진 선박모형 시험용 파랑 발생장치", 김효철, 김우식, 김우진, 김인호, 김재성, 류재문, 오정근, 출원번호 10-2018-0000296(접수번호1-1-2018

-0003870-34)

(23) "횡동요 하는 선박의 탱크에 작용하는 유체력 측정용 강제 동요장치", 김효철, 김우진, 김재성, 류재문, 오정근, 출원번호 10-2018-0001051(접수번호 1-1-2018-0010647-23)

(24) "조파판 상단과 하단을 독립적으로 제어하는 선박모형 시험용 파랑발생장치", 김효철, 김우진, 김재성, 류재문, 오정근, 출원번호 10-2018-0019183(접수번호 1-1-2018-0168003-56)

(25) "레일에 장착하는 예인전차 비상제동 장치", 김효철, 김우진, 김재성, 류재문, 출원번호 10-2018-0019284(접수번호 1-1-2018-0169521-63)

(26) "초정밀레일 정렬용간편 레일 받침 어셈블리", 발명자;(함연재, 김효철, 김동현, 이호섭), 출원번호 10-2019-0119905(접수번호 1-1-2019-083518-2), 출원인; 주식회사 마린스페이스(1-2016-083518-2)

원문 출처

학생과 삼공펀치의 인연, 서울대학교 명예교수회보 제10호, 2014

석봉의 부친, 서울대학교 명예교수회보 제13호, 2017

학부모와의 동침, 서울대학교 명예교수회보 제9호, 2013

조선학의 큰 어른 홀연히 떠나셨습니다–송암(松巖) 황종흘(黃宗屹) 선생님을 기리며,

　서울공대 제86호, 2012

등 뒤에 맺힌 땀방울, 서울공대 No.111, 2018

호리병 속의 학회지, 대한조선학회지 제56권 제1호, 2019

학회지 얼굴에 숨긴 뜻, 대한조선학회지 제56권 제2호, 2019

학회지 창간에 숨겨진 이야기, 대한조선학회지 제56권 제3호, 2019

잊혀진 졸업 후 첫 설계, 서울공대 No.113, 2019

한강의 마징가, 서울공대 No.110, 2018

공릉동 캠퍼스 1호관 301호실의 회상, 서울대학교 명예교수회보 제8호, 2012

가계부와 연구비, 서울대학교 명예교수회보 제7호, 2011

빛바랜 수료증과 80통의 편지, 서울대학교 명예교수회보 제12호, 2016

덕소에 불던 강바람, 서울공대 No.101, 2016

북극곰의 꿈, 서울대학교 명예교수회보 제15호, 2019

실험하는 로봇을 만들다, 서울공대 No.109, 2018

관악산의 바다로 나아가는 길, 서울공대 No.102, 2016

관악산의 나비, 서울공대 No.112, 2019

〈서울공대〉 창간 뒷이야기, 서울공대 No.100, 2016

연간소득 253,800원의 투자 이야기, 서울공대 No.100, 2016

접어서 낚싯배를 짓다, 서울공대 No.103, 2016

초대형 유조선과 손으로 쓴 명함, 서울공대 No.115, 2019

나는 배와 준마처럼 달리는 배, 서울공대 No.105, 2017

민첩한 비대선, 서울공대 No.116, 2020 (예정)

선박을 일관작업으로 건조하는 꿈, 서울공대 No.107, 2017

상상의 수면 위에서, 서울공대 No.108, 2018

경정보트 세계적 수준으로 발전하다, 서울공대 No.106, 2017

움직일 줄 모르는 배 아닌 배, 서울공대 No.114, 2019

한 번으로 끝난 반월호 Sundancer의 춤, 서울공대 No.104, 2017

도시의 작은 농장, 서울대학교 명예교수회보 제14호, 2018